BusinessVillage

JÖRG BAHLOW • GERHARD KULLMANN

AGILE TEAMS

NEUE HERAUSFORDERUNGEN FOKUSSIERT MEISTERN

BusinessVillage

Jörg Bahlow, Gerhard Kullmann
unter Mitarbeit von Martin Helfer
Agile Teams
Neue Herausforderungen fokussiert meistern
1. Auflage 2018

Bestellnummern
ISBN 978-3-86980-369-2 (Druckausgabe)
ISBN 978-3-86980-370-8 (E-Book, PDF)

Direktbezug www.BusinessVillage.de/bl/1013

Bezugs- und Verlagsanschrift
BusinessVillage GmbH
Reinhäuser Landstraße 22
37083 Göttingen
Telefon: +49 (0)551 2099-100
Fax: +49 (0)551 2099-105
E-Mail: info@businessvillage.de
Web: www.businessvillage.de

Layout und Satz
Sabine Kempke

Fotoillustration auf dem Umschlag und der Titelseite
cookelma, www.istockphoto.com/de

Illustrationen im Buch
Josephine Gitter

Druck und Bindung
Westermann Druck Zwickau GmbH

Inhalt

Über die Autoren

© Clara Weskamm

Jörg Bahlow, Maschinenbau-Ingenieur und systemischer Organisationsberater, begleitet seit mehr als zwanzig Jahren namhafte Unternehmen beim Aufbau von effizienten Teamstrukturen und -prozessen. Mit seinem Team in der GITTA mbH zählt er heute zu den anerkannten Experten für die Entwicklung agiler Hochleistungsteams. Seine Erfahrung ist besonders dann gefragt, wenn es um die kundenspezifische Umsetzung von agilen Methoden in der Praxis geht. Auch als Autor von Beiträgen in Fachzeitschriften, Tagungsreferent und Inhouse-Trainer hat er sich in agilen Fachkreisen einen Namen gemacht.

Kontakt:
E-Mail: bahlow@gittambh.de
Web: www.gittambh.de

© Jochen Klenk

Gerhard Kullmann ist Diplom-Ingenieur für Arbeitsgestaltung und Transaktionsanalyse-Coach, erarbeitet in Unternehmen neue Führungsstrukturen und unterstützt Führungskräfte in Veränderungsprozessen. Sein Unternehmen, die MatrixPeople GmbH, begleitet dabei die Rollenveränderung von Führungskräften, wenn Teams sich zunehmend selbst steuern und ihre agilen Spielräume ausnutzen. Schwerpunkt dabei ist neben der einzelnen Führungskraft vor allem das Zusammenspiel der Führungsebenen.

Kontakt:
E-Mail: g.kullmann@matrixpeople.de
Web: www.matrixpeople.de

Vorwort

Ein freundlicher Korrekturleser dieses Buches bemerkte, dass es doch noch viele andere interessante und wichtige Aspekte, die Unternehmen vor neue Herausforderungen stellen, zu beleuchten gäbe. Unsere einmütige Antwort lautete: Stimmt! Doch gerade damit sind wir auch schon beim Kern des Ganzen angelangt: Die Welt ist komplex! Dieser Komplexität versuchen wir nicht getreu dem Prinzip der Perfektion (alles in seiner vollen Tiefe zu erschlagen) zu begegnen, sondern dem stattdessen ein agiles Prinzip entgegenzustellen, nämlich das Prinzip »Mut zum Nicht-Perfekten«.

Es ist unser erklärtes Ziel in diesem Buch, Sie in die Welt des agilen Denkens mitzunehmen und aufzuzeigen welche bemerkenswerten Auswirkungen auf die betriebliche Praxis mit diesem neuen Blickwinkel ergeben. Wir möchten Ihnen eine handhabbare und überschaubare Landkarte an die Hand geben, um sich im agilen Dickicht zurechtzufinden. Doch gleichzeitig möchten wir Ihnen nicht Ihr Gelände erklären. Denn das kennen Sie schließlich selbst am besten!

Herausgekommen ist ein kompaktes und zugleich hoffentlich unterhaltsames Buch in dem sich die Essenz unserer über fünfundzwanzigjährigen Praxis als Einführungsbegleiter von Teamarbeit (in unterschiedlichsten Formen und Branchen) wiederfindet, die wir in den letzten Jahren mit neuen Impulsen aus der Einführung agiler Teamarbeit und dem aktuellen Stand der Fachdiskussion verbunden haben. Dabei ist es uns wichtig aufzuzeigen, dass sich agile Teamarbeit mittlerweile weit über die Grenzen der Softwarewelt nutzbringend einsetzen lässt und dies auch erfolgreich geschieht.

Das Buch richtet sich gleichermaßen an alte Hasen wie Novizen im Bereich der agilen Teamarbeit. Es ist sowohl als Ganzes chronologisch lesbar, als auch kapitelweise, wenn Sie sich die für Sie ausgewählten Häppchen herauspicken möchten.

Im ersten Kapitel *Was heißt agil?* erläutern wir zunächst, welche Wurzeln agiles Arbeiten hat, was darunter eigentlich zu verstehen ist und was es Unternehmen wie Mitarbeitern überhaupt bringt. In den folgenden Essentials von agiler Teamarbeit (Kapitel 2) stellen wir die fünf Säulen agilen Arbeitens vor, um diese dann anhand verschiedener agiler Einsatzfelder (Scrum, Kanban und agiles Prozessmanagement in der Produktion) im dritten Kapitel zu illustrieren. In Kapitel 4 möchten wir ausgewählte agile Werkzeuge und Praktiken vorstellen, die von Ihnen einfach übernommen werden können. Das Kapitel 5 »Die neue Zusammenarbeit in agilen Teams« stellt den Kern unserer gesammelten Erfahrungen zu agiler Teamarbeit dar, in dem die grundlegenden Veränderungen die agile Arbeitsweisen mit sich bringen in verschiedensten Facetten beleuchtet werden. Im folgenden Kapitel »Der agile Notfallkoffer« sollen in der Praxis immer wieder auftretende knifflige Situationen und Problemstellungen illustriert und Lösungswege aufgezeigt werden. Im Kapitel 7 »Change Prozesse anders denken« gehen wir darauf ein, was bei der Einführung agiler Teamarbeit zu beachten ist und schließen im letzten Kapitel 8 mit einer kritischen Betrachtung, ob und wie agile Teamarbeit im Dienste der Gesundheitsförderung eingesetzt werden kann.

Viel Spaß beim Entdecken.

Berlin, im Januar 2018

Danksagung

Auf dem Titel eines Buches stehen üblicherweise die Autoren – so auch bei uns. In Wirklichkeit aber ist es dem Zusammenwirken in einem kleinen, aber stets agilen Team zu verdanken, dass dieses Werk entstehen konnte.

Deshalb bedanken wir uns zuallererst bei Martin Helfer. Er hat nicht nur einen feinen Gastbeitrag zu Gesundheit und agiler Teamarbeit beigesteuert, sondern unsere Texte unerbittlich quergebürstet, wertvolle Überarbeitungshinweise gegeben und uns immer wieder beim Sortieren und Ordnen geholfen. Ebenso unverzichtbar waren für uns die inspirierenden Beiträge von Josephine Gitter, die unseren Prozess mit fundierter Recherche und Hintergrundinformationen, insbesondere aber mit ihren von leichter Hand kreierten Illustrationen bereichert hat.

Für zahlreiche ausgiebige Gespräche über ihre Erfahrungen aus der agilen Welt bedanken wir uns bei den Beraterkolleginnen und -kollegen im GITTA-Team, bei der MatrixGroup, bei Götz Hentschke, Nele Freudenberg, Margarete Oberländer-Bröcker, Michaela Heise und vielen weiteren. Ausgesprochen hilfreich waren für uns nicht zuletzt all die Anregungen, Ermunterungen und das Verständnis aus unseren Familien.

Ein besonderes Dankeschön geht an Ruth Vachek, die uns mit ihrem kritischen Lektorat und Hinweisen zur Strukturierung unterstützt hat. Und schließlich gilt unser Dank Christian Hoffmann und Sabine Kempke im Verlag, die uns stets mit Rat und Tat zur Seite standen.

1.
Was heißt agil?

Als wir am Ende eines zweitägigen Workshops zum Thema »Agile Teams in der Produktion« mit einem zufriedenen Gefühl den Seminarraum verlassen wollten, überraschte uns ein Teilnehmer mit einer Frage, die er uns unter sechs Augen stellen wollte: »Sehen Sie, ich bin nun seit dreißig Jahren im Geschäft und habe schon so einiges an Trends und Moden mitgemacht. Unter uns gesagt: Ist agiles Arbeiten nicht auch wieder nur ein neues Schlagwort, um schon Bekanntes in eine schöne neue Verpackung zu kleiden? Aber eigentlich ist es doch nur alter Wein in neuen Schläuchen.«

Im ersten Augenblick waren wir überrascht und irritiert über diese Frage. Hatten wir nicht in den vergangenen zwei Tagen deutlich machen können, was das Besondere an agilen Arbeitsweisen ist? Ging es die vergangenen Tage nicht genau darum die Vorzüge und das Neuartige an agilem Arbeiten zu verdeutlichen?

Die Frage unseres Workshop-Teilnehmers hat uns noch länger beschäftigt und in der intensiven Diskussion konnten wir dessen Standpunkt immer besser nachvollziehen. Ja, die Frage ist berechtigt und wichtig. Die Bereiche Weiterbildung, Personalführung und vor allem der Einkauf von Beratungsleistungen haben ihre Modethemen. Ob es nun das Führen nach Zielen (Management by Objectives), Balanced Scorecard, Lean Management, Social Media, ISO-Zertifizierungen, Six Sigma, Kundenorientierung, neurowissenschaftliche Ansätze, betriebliches Gesundheitsmanagement (BGM), systemisches Denken, Personaldiagnostik oder Change Management, Corporate Social Responsibility, Assessment-Center zur Personalauswahl oder nur die Orientierung des Unternehmens an den Bedürfnissen der Generation Y ist – wer etwas länger im Berufsleben steht, wird unabhängig von seiner Person und dem Bereich, in dem er tätig ist, schon so manches Modethema der Beraterwelt auf den Tisch bekommen haben. Vielleicht haben Sie ja auch schon das eine oder andere Umstrukturierungsprojekt in ihrer Firma mitgemacht?

Eine Erfahrung, die Sie womöglich gemacht haben dürften, ist, dass sich außer an ein paar neuen Namen und Titeln an der grundsätzlichen Arbeitsweise im Unternehmen nicht viel verändert hat. Dass es bei agiler Teamarbeit im Speziellen und agilen Arbeitsweisen im Großen anders ist, werden Sie auf den nächsten Seiten erfahren. Als Spezialisten für Teamarbeit und Gruppenprozesse mit einigen Jahrzehnten Erfahrung auf dem Buckel haben wir so manche Mode kommen und oftmals genauso schnell wieder gehen sehen. Doch der Trend hin zu agilen Arbeitsweisen hat eine andere Qualität. Im Gegensatz zu typischen Modetrends wird das neue Arbeiten nicht mehr von oben den Mitarbeitern verordnet, sondern es bilden sich bisweilen in Belegschaften regelrechte Fan-Gruppen, die angesteckt von eigenen positiven Erlebnissen das agile Gedankengut im Unternehmen verbreiten wollen. Unsere Erfahrung zeigt, dass agiles Arbeiten im Kern so viele neue und bereichernde Elemente für die Mitarbeitenden mit sich bringt, dass es vielerorts zum Selbstläufer wird – ganz ohne Vorgabe von oben!

Was wir aus der Diskussion mitgenommen haben, ist, dass es essenziell ist, sich vor Augen zu führen, auf welche Herausforderungen des modernen Wirtschaftslebens agiles Arbeiten zurückzuführen ist und Antworten zu finden sucht. Dies soll der Ausgangspunkt unserer Betrachtungen in diesem Kapitel sein. Erst, wenn wir verstehen, dass agiles Arbeiten nicht einfach ein modisches Schlagwort ist, sondern ein Prinzip darstellt, dass aus den Fragen unserer Zeit hervorgegangen ist, werden wir die Bedeutsamkeit richtig erfassen und für unser Handeln nutzen können.

These

Um auf die Frage unseres Seminarteilnehmers zurückzukommen: Wir sind zu einem klaren Standpunkt gelangt: Nein, agiles Arbeiten ist kein alter Wein in neuen Schläuchen! Vielmehr könnte man von neuem Wein in bewährten Schläuchen sprechen. Denn beruhigenderweise ist auch beim agilen Arbeiten nicht alles anders. Sie werden feststellen, dass sich die agile Community gerne und reichlich aus bewährten Werkzeugkisten der Psychologie, der Gruppenmoderation und (hier merkt man die Herkunft) des IT-Projektmanagements bedient (mehr dazu finden Sie in Kapitel 1.3).

1.1 Es gibt gute Gründe für die Einführung agiler Arbeitsformen

Die folgenden Überlegungen zu den Problemlagen, auf die agiles Arbeiten eine Antwort geben möchte (und kann) ist auf der Grundlage von verschiedenen Veränderungsprozessen zur Einführung von Teamarbeit auf Basis agiler Prinzipien in unterschiedlichen Feldern (Projektmanagement, Prozessmanagement, Entwicklung, Produktion, Dienstleistung) entstanden. Daneben fließen Ergebnisse und Diskussionen aus verschiedenen Forschungsprojekten und – last but not least – unsere persönlichen Gedanken und Meinungen mit ein.

Im Kern lassen sich mindestens drei Herausforderungen unseres Wirtschaftsumfeldes benennen, die die Einführung agiler Arbeitsweisen sinnvoll – ja unumgänglich – erscheinen lassen. Agiles Arbeiten liefert nämlich Antworten auf Herausforderungen, die sich aus

- einem *neuen Zeitgeist*, in dem Kundenanforderungen die treibende Kraft sind,
- der Entstehung *neuer Wirtschaftsräume* und schließlich
- *disruptiven Innovationen*, die komplett neue Geschäftsmodelle hervorbringen, ergeben.

Sehen wir uns das nun im Detail an.

Neuer Zeitgeist

Den Satz »Es ist alles so furchtbar kompliziert« haben wir bei unseren Beratungsprojekten nicht nur einmal gehört. Sei es der Produktionsleiter der darüber klagt, dass die Variantenvielfalt in den Montagebändern kaum mehr zu beherrschen ist, der Entwickler der sich den Kopf darüber zerbricht, wie er die gerade eben neu hinzugekommenen Kundenanforderungen auch noch integrieren soll oder der Logistiker, für den die Teilevielfalt im After Sales nicht mehr zu handhaben ist. Doch worin wurzeln all die skizzierten Problemlagen? Schlussendlich resultieren sie aus einem wirtschaftlichen Umfeld, in dem individuelle und veränderliche Kundenanforderungen immer mehr zur treibenden Kraft werden – so unsere These.

These

Neuer Zeitgeist

Die konsequente Ausrichtung am Kunden oder besser gesagt am kompetenten Kunden ist ein entscheidender Faktor, der das wirtschaftliche Geschehen dynamisiert. Denn langsam, aber sicher hat sich in den Köpfen der Menschen ein neuer Gedanke verhaftet, der in etwa so lauten könnte: »Ich bin kompetent, ich informiere mich darüber, was ich brauche und weiß, was ich möchte.« Dies gilt sowohl für Individualkunden als auch Kundenunternehmen oder – um es weiter zu verkomplizieren – Kunden im Unternehmen.

Etwas überspitzt formuliert, sind die in alten Klassikern der Managementliteratur durchschimmernden Kunden, die in ehrerbötiger Haltung jedes Produkt des weisen Produzenten hochachtungsvoll entgegennehmen und genussvoll konsumieren, längst überholt. Der Kunde ist smart und verlangt mehr. In großen Margen erzeugte Standardprodukte reichen ihm nicht mehr aus, er möchte *sein* maßgeschneidertes Produkt. Der nach Schema-F gefertigte Gabelstapler reicht nicht aus, er braucht seine spezifische Anbindung an die Unternehmens-IT, sein maßgefertigtes Sichtfenster und natürlich noch die Sitzheizung mit Klimaanlage. (Möglicherweise werden Soziologen irgendwann auf unsere Zeit zurückblicken und von der »Generation MY« sprechen).

» Agile Arbeitsweisen sind flexibel und kundenorientiert und können damit diesem neuen Zeitgeist optimal gerecht werden.

Neue Wirtschaftsräume

Die Welt hat sich in den vergangenen dreißig Jahren rasant verändert. Das globale Wirtschaftsleben ist durch ein Zusammenwachsen gekennzeichnet, das sich seit dem Zusammenbruch des alten Machtgefüges des Kalten Krieges vollzieht. Die Karten wurden neu gemischt, Grenzen (sowohl physisch als auch mental) lösen sich auf. Der frühere Klassenfeind wird zum Wirtschaftspartner. Neue Wirtschaftsräume (EU, ASEAN, NAFTA, et cetera) entstehen, wirtschaftliche Verflechtungen und Beziehungen haben sich aufgetan. Die Volksrepublik China demonstriert mit seinem Megaprojekt der »Neuen Seidenstraße« eindrucksvoll, wie neue Märkte und wirtschaftliche Beziehungen sprichwörtlich aus dem Boden gestampft werden. Neue Chancen ergeben sich und zugleich wird die Welt unübersichtlicher.

Jeden Tag werden auf den internationalen Börsen unglaubliche Summen verschoben. Meine hiesige Hausbank investiert in den Anbau von Superfoods in Madagaskar, meine Rentenversicherung beteiligt sich an Wasserquellen in Kasachstan. Geldflüsse spielen sich in Windeseile interkontinental ab, mit großem Einfluss auf die Märkte. Auch diese werden beweglicher – im Fachjargon »volatiler«.

Ein wesentlicher Wegbereiter, der das Zusammenwachsen der Weltwirtschaft dynamisierte, sind die neuen Kommunikationsmöglichkeiten. Das Internet und die in Folge entstandenen rasanten Kommunikationsmöglichkeiten, wie zunächst E-Mail, dann im 21. Jahrhundert Skype, Facebook, Snapchat und Co, ermöglichen in Echtzeit mit Kunden und Lieferanten auf der ganzen Welt zu kommunizieren. Ob mein Gesprächspartner in Tokio oder Mistelbach sitzt, macht keinen Unterschied mehr. Die Welt wächst zusammen, wir leben im Global Village.

» Agile Arbeitsweisen sind durch interdisziplinäre Teams besonders geeignet, die Dynamik komplexer multinationaler Prozesse beherrschbar zu machen. Dabei spielen insbesondere die agilem Arbeiten zugrunde liegende empirische Steuerung und das Kernprinzip der Transparenz eine wesentliche Rolle (siehe Kapitel 2.2).

Disruptive Innovationen

Die Erschließung neuer Wirtschaftsräume begrenzt sich aber nicht nur auf den intensivierten Austausch über Ländergrenzen hinweg. Nein, es entstehen komplett neue Geschäftsmodelle und Geschäftsfelder. Wesentlich hierzu beigetragen hat der sprunghafte Anstieg sogenannter disruptiver Innovationen. Darunter sind neuartige technologische Innovationen gemeint, die das Potenzial haben, alte Geschäftsmodelle komplett obsolet zu machen und durch vollkommen neue zu ersetzen. Das klassische Beispiel hierzu ist, dass die alte Postkutsche durch die Erfindung des Automobils praktisch in kürzester Zeit hinweggefegt wurde.

Als disruptive Technologie lässt sich heute etwa die Digitalisierung mit ihren wohl bei weitem noch nicht ausgeschöpften Möglichkeiten anführen. Diese hat in der Produktion (Stichwort Industrie 4.0) zu einer erheblichen Beschleunigung der Prozesse beigetragen, auf die mit herkömmlichen Arbeitsweisen nicht mehr zeitgemäß reagiert werden kann. Auch in der Verwaltung und im Dienstleistungsbereich sind durch die Digitalisierung einschneidende Veränderungen zu erwarten. Etwa durch Automatisierungsprozesse im Bürobereich oder neue Möglichkeiten der Logistikdienstleistung.

Zu erwähnen ist natürlich auch, dass rasante Entwicklungen mit der realistischen Bedrohung von massiven Arbeitsplatzverlusten verbunden sind. Klar ist, wer in diesem wirtschaftlichen Umfeld Erfolg haben möchte, muss in der Lage sein, die neuen Technologien so zu nutzen, dass sie als Geschäftsmodell funktionieren. Bestes Beispiel ist der in den letzten Jahren boomende Carsharing-Markt. Eigentlich ist das Prinzip des Carsharings ein alter Hut. Was diesen Geschäftszweig wieder beflügelte, war der Umstand, dass es durch die flächendeckende Verbreitung von Smartphones ermöglicht wurde, diese Dienste nun einfach zu handhaben (via App des Carsharing-Dienstleisters).

Bei näherer Beschäftigung mit der boomenden Start-up Branche, lässt sich schnell feststellen, dass viele erfolgreiche Unternehmen nicht unbedingt neue Ideen entwickelt haben, sondern lediglich die technischen Möglichkeiten konsequent genutzt wurden, um neue Geschäftsmodelle zu entwickeln:

- Lieferdienste werden zusammengefasst, die Nutzung für den Kunden wird vereinfacht;
- Anbieter finden eine Plattform, um ihre (selbst gemachten) Produkte zu vertreiben;
- Fotos, Musik, et cetera können schnell und unkompliziert einer breiten Öffentlichkeit präsentiert werden.

These

Im durchaus neuartigen Wettbewerb gewinnt nicht mehr derjenige, der ein neuartiges Produkt herstellt oder eine hoch spezialisierte Dienstleistung anbietet, sondern der es schafft, die neuen Technologien für sich zu nutzen.

Es geht darum, das innovative Potenzial neuer Technologien zu heben, um damit die schnell wechselnden Kundenanforderungen zu bedienen. Dies kann kein noch so gut ausgebildeter Spezialist leisten, hierfür gilt es interdisziplinäre Teams zusammenzustellen, die in der Lage sind schnell und flexibel zu reagieren. Das kann keine Fachkraft alleine. Ein Beispiel aus der Automobilbranche verdeutlicht dies.

Beispiel:
Ein deutscher Automobilbauer ist etwa dazu übergegangen bei der Bewerbung seines Produktes nicht mehr klassische Verkaufskriterien, wie Verbrauch, Motorleistung oder Fahrkomfort zu bewerben. Nein, der USP des Produktes ist die Konnektivität. Zugespitzt formuliert ist die Frage, ob die Stereoanlage meines Autos auf die Spotify-Playlist in meinem Smartphone zugreifen kann, ein mindestens ebenso gewichtiger Faktor bei der Kaufentscheidung des Kunden, wie die Motorleistung.

Disruptive Innovationen

Dies mag für das Weltbild von manch (altgedientem) Ingenieur eine kopernikanische Wende darstellen. Diese gänzlich neuen Kundenanforderungen können nur in interdisziplinären Teams, die in der Lage sind, rasch auf neue Anforderungen zu reagieren, erfüllt werden. Hier liefern agile Teams neue Antworten.

» Agile Arbeitsweisen sind durch interdisziplinäre Teams optimal in der Lage, die Potenziale disruptiver Innovationen flexibel und kundenorientiert zu heben.

Und was heißt das für Unternehmen?

Der Druck steigt, die Anforderungen nehmen zu, es wird komplexer. Kunden möchten Sonderanfertigungen, die in derselben Zeit und am Liebsten zum selben Preis lieferbar sind. Der Konkurrent von Übersee verspricht das oder kann zumindest das 08/15-Produkt zu einem günstigeren Preis auf den Markt werfen. Also heißt es umzudenken. Die vielerorts mit dem Sprichwort auf den Punkt gebrachte Grundhaltung »die Arbeit wäre so schön, wenn nicht immer der Kunde stören würde« ist nicht mehr nur überholt, sie ist eine existenzielle Bedrohung für das wirtschaftliche Überleben von Unternehmen.

Diesen Anforderungen der Zeit folgend verändern sich die Zielstellungen. Die Ressourcen werden knapp kalkuliert, ehrgeizige Zeitpläne fordern von Menschen Höchstleistungen ab. Innovationszyklen verkürzen sich drastisch. Der Kunde möchte Einfluss nehmen können auf sein Produkt und dies im Optimalfall zu jeder Zeit im Produktentstehungsprozess. Das bringt Unternehmen an die Grenzen der Plan- und Steuerbarkeit. Nur wer in der Lage ist, diese Grenzen für sich zu verschieben, schafft sich Nischen, in denen der Wettbewerb nicht so hart ist. Denn Massenproduktion und »viel vom Gleichen« bedeutet immer intensiven Preiswettbewerb. Auf die Kundenwünsche maßgeschneiderte Produkte mit hohem technischem Know-how reagieren zu können – das verschafft für uns als Hochlohnland Luft im Preiswettbewerb.

Genau hier setzt agiles Arbeiten in Teams an. Das zentrale Umdenken und das wirklich Neuartige daran, um die Frage unseres interessiert-kritischen Seminarteilnehmers zu beantworten, liegt in der engen Bindung des Kundenprozesses an die realen Bedürfnisse des Kunden. Agiles Arbeiten ist die Arbeitsweise, die es bisher am Perfektesten geschafft hat, auf ein dynamisches wirtschaftliches Umfeld zu reagieren und veränderte Anforderungen an das Produkt quasi simultan in den Produktentstehungsprozess einzubetten. Und das ist nur mit einer weiterentwickelten Form von Fokussierung auf das Wesentliche und Zusammenarbeit möglich: hierfür steht agil. Und das funktioniert nur im Team!

Einem kritischen Einwand möchten wir hier auch gleich vorweg greifen. Selbstverständlich stoßen selbst hochgradig abgestimmte Prozesse, ausgeklügelte Logistik, hoher Sachverstand und interdisziplinäre Expertenteams an ihre Grenzen. Denn es ist nicht möglich jeden Kundenwunsch zu jedem Zeitpunkt im laufenden Prozess zu erfüllen!

Schlussendlich geht es hier wieder wie im Vorwort schon angedeutet, um die Frage nach Perfektion. Und diese ist bestenfalls ein Wert (den wir nicht propagieren möchten), aber ganz sicher nicht erreichbar. Agiles Antworten bedeutet auch hier ein Umdenken, das ermöglicht, sich aus der Perfektionsfalle zu lösen. Eine Weisheit, die sich im Laufe unseres Beraterlebens immer wieder bestätigt hat, ist, dass die letzten fünf Prozent auf dem Weg zur (vermeintlichen) hundertprozentigen Lösung so viele Ressourcen in Anspruch nehmen wie die fünfundneunzig Prozent vorher auch. Fokussierung auf das Wesentliche bedeutet Prioritäten zu setzen, Entscheidungen zu treffen (zum Beispiel bis wann Kundenanforderungen noch mit vertretbarem Aufwand in den laufenden Prozess integrierbar sind) und damit zu leben, dass unter der Maßgabe enger Zeitpläne und knapper Ressourcen das bestmögliche Ergebnis erzielt wurde. Auch das ist agiles Arbeiten.

Gute Gründe für agiles Arbeiten gibt also mehr als genug, aber auch viele Zweifel und Fragezeichen, ob und in welchem Bereich des Unternehmens, in welchem Arbeitsprozess ein agiles Vorgehen sinnvoll, nützlich oder überhaupt möglich ist. Und die bislang erlebte und praktizierte *Kultur von Führung und Zusammenarbeit* wird hier von vielen klugen Führungskräften und Mitarbeitern als kritisches Hindernis für den agilen Erfolg gesehen – nicht ganz zu Unrecht, wie wir noch feststellen werden.

In der Folge gründen zahlreiche Unternehmen mittlerweile interne Startups, um unter dem Dach eines etablierten Hauses – oder bisweilen sogar räumlich außerhalb – die notwendigen Rahmenbedingungen für agile, selbstorganisierte und hoch reaktionsfähige Teams zu schaffen. Auf mittlere Sicht werden sich immer mehr erfolgreiche Unternehmen vor die Herausforderung gestellt sehen, sogenannte ambidextre, also beidhändige Strukturen und Prozesse unter dem Dach ihrer Organisation herauszubilden, die ihre etablierten, stabilen und verlässlichen Aspekte ebenso bieten wie die neue Agilität.

Ansteckungsgefahr von Innovationen

1.2 Agile Teamarbeit in a Nutshell – illustriert am Beispiel Hausbau

Zitat

»Agiles Arbeiten im Team – alles schön und gut, aber mal ehrlich, das ist doch etwas für Techies aus der Softwarebranche und weit weg von dem, was ich in meiner betrieblichen Realität erlebe.«

Quelle: anonymisiert

Dieser Kommentar eines Freundes, dem wir von unserem Buchprojekt zu agilen Teams erzählten, hatte uns zum Nachdenken gebracht. Ist agiles Arbeiten tatsächlich eine abgehobene Arbeitsweise für Informatiker in Start-ups? Vielleicht zwar mehr als nur eine neues Buzzwort der Businesswelt, aber doch eben nichts, was eine wirklich breite Bedeutung bekommen kann, weil eben die wenigsten Menschen wie Softwareentwickler arbeiten können oder müssen.

Wir haben Ihnen schon im vorangegangenen Kapitel dargelegt, warum agiles Arbeiten rapide zunehmen wird. Zum anderen stimmt die Vermutung nicht, dass agile Prinzipien nur in den Nerd-Welten der Programmierer anzutreffen sein werden. Viele agile Prinzipien sind durchaus bereits ein Teil unserer Realität – nur nicht unbedingt als solche benannt.

Beispiel:
Ein Beispiel, das Sie möglicherweise aus Ihrer eigenen Erfahrung kennen, soll einige agile Kernbausteine illustrieren: der Bau eines Eigenheims. Zentrale Herausforderung ist es, die Arbeiten so zu koordinieren, dass schlussendlich verschiedene Gewerke effizient zusammenarbeiten, um das gemeinsame Ziel, nämlich die Fertigstellung des Traumhauses im Rahmen des vorgegebenen Zeit- und Kostenplans zu bewerkstelligen.

Wer das Treiben auf einer (Klein!-)Baustelle beobachtet, wird schnell feststellen, dass sich, trotz so mancher Unbotmäßigkeit (das Mauerwerk steht hier noch nicht, der Estrich ist noch nicht trocken), die Handwerker selbstorgani-

siert abstimmen, um die Arbeit optimal zu gestalten. Manche leidgeprüften Leser wenden nun womöglich ein, dass dies so gar nicht ihrer Erfahrung am Bau entspricht. Dies mag stimmen, vielleicht ist dies auch ein Phänomen unserer heutigen Zeit. Denn wenn Sie beispielsweise ihre Elterngeneration über deren Erfahrungswerte mit der Bauwirtschaft befragen, werden Sie wahrscheinlich staunen, wie davon berichtet wird, wie selbstverständlich es war, dass alle Gewerke in Selbstorganisation gemeinsam darauf achteten, dass die Arbeit reibungslos und vor allem sinnvoll ausgeführt werden kann.

Einige wesentliche Elemente agilen Arbeitens lassen sich aus dem Beispiel des Häusle-Baus bereits ableiten:

- Meist ohne es zu wissen, finden sich die Handwerker verschiedener Gewerke zu einem interdisziplinär besetzten Team zusammen, dessen gemeinsames Ziel darin besteht, die Baustelle am Laufen zu halten.
- Sie lassen sich auch von kleineren Abweichungen im Arbeitsplan nicht abhalten, sondern organisieren bei Bedarf eben selbst, wie die Arbeit am besten zu bewerkstelligen ist.
- Hierfür stimmen sie sich regelmäßig ab, meist wenn gerade ein Problem anfällt, um die Arbeit optimal zu planen.

Voraussetzung dafür, dass dieses feine Zusammenspiel funktioniert, ist zunächst, dass sich alle Gewerke auf das gemeinsame Ziel committet haben und nicht nur darauf achten, dass das eigene Gewerk mit der Arbeit fertig wird oder zumindest einen guten Grund hat, warum es nicht ging. Damit alle Gewerke gut ineinander greifen können, ist es zudem notwendig, dass alle darüber Bescheid wissen, was eigentlich heute und in den nächsten Tagen an Arbeiten ansteht. Diese Transparenz ist eine weitere Voraussetzung für effizientes (agiles) Arbeiten. Hierfür stehen jedem Gewerk aktuelle Baupläne (in agiler Nomenklatur würde man von Sprint Backlogs sprechen) zur Verfügung, in denen die jeweiligen Arbeitsschritte geplant sind. In der Regel haben die Gewerke auch die Möglichkeit die Baupläne der anderen einzusehen und sogar den Architektenplan (gesamter Backlog). Der Bauleiter – man könnte ihn Process Owner nennen – sorgt dafür, dass die einzelnen Gewerke ihre Pläne im Sinne des Kunden richtig auslegen und einhalten. Er bringt die Stimme des Kunden (Voice of the customer) zu Gehör, hält den Kontakt mit dem Bauherrn und kann in Abstimmung mit dem Architekten gegebenenfalls auch Veränderungswünsche (zum Beispiel soll der Balkon nun doch größer als der des Nachbarn sein) aufnehmen. Der Polier – quasi ein agiler Coach – wird als Unterstützer des Teams eingesetzt und seine Aufgabe ist es, dafür zu sorgen, dass Probleme (wie zum Beispiel im Weg stehende Felsbrocken) schnell bearbeitet werden. In regelmäßigen (meist alle ein bis zwei Wochen) stattfindenden Baubesprechungen wird meist noch einmal Rückschau darauf gehalten was in der zurückliegenden Zeit erreicht wurde, ob es Schwierigkeiten gibt und was das für die Arbeit in den kommenden zwei Wochen heißt.

Agiler Hausbau

Natürlich gibt es auch einige Aspekte, die das genannte Baustellenbeispiel von tatsächlicher agiler Teamarbeit deutlich unterscheiden:

Die Abstimmungen erfolgen in wesentlich strukturierterem Maße, als hier dargestellt: So lösen Daily Meetings die oftmals informellen Abstimmungen ab. Die Baustellenbesprechung – wer schon einmal bei einer dabei war, weiß, dass es dort manchmal richtig heiß hergehen kann – wird in einzelne Meetings unterteilt, um so eine größere Fokussierung zu erzielen: So erfolgt am Ende eines Sprints eine Sichtung der Ergebnisse im Sprint Review (Was haben wir erreicht?), eine Auswertung des Prozesses in der Sprint

Retrospektive (Wie ist es gelaufen?) und ein eigenes Meeting in dem der nächste Sprint geplant wird (Sprint Planning Meeting).

Die Selbststeuerung der agilen Teams wird durch umfassende Visualisierung unterstützt. Darüber hinaus ist die Selbststeuerung der agilen Teams noch wesentlich umfassender als in der Bauwirtschaft. So haben agile Teams erheblichen Einfluss auf die Arbeitsplanung, etwa indem sie eine Schätzung darüber abgeben, wie viel Kapazität sie für die Ausführung der vorgegebenen Ziele benötigen werden.

Die Arbeit agiler Teams wird in kurze Zyklen oder Sprints unterteilt, dadurch wird sichergestellt, dass die agilen Teams an dem arbeiten, das gerade am wichtigsten ist. Dies trifft übrigens auch auf die Bauwirtschaft zu, denn auch hier wird die Arbeit zyklisch organisiert durch den Rhythmus der Baustellenbesprechungen. Bei agilem Arbeiten wurde diese Unterteilung der Arbeit in kleine Scheiben allerdings zum Prinzip erhoben, was enorme positive Effekte mit sich bringt.

Eine weitere Parallele zwischen Bauwirtschaft und agiler Arbeit ist, dass die Arbeit auf der Basis konkreter Erfahrungswerte erfolgt (Mit diesem Betongemisch müssen wir damit rechnen, dass es länger dauern wird, bis wir mit den Sanitärarbeiten beginnen können.) Der Unterschied ist nur, dass mit dem Prinzip der empirischen Steuerung, das dem agilen Arbeiten zugrunde liegt, dies eine solide, wissenschaftliche Grundlage erhält und somit eine viel exaktere Steuerung möglich ist.

1.3 Die Wurzeln des agilen Arbeitens – oder neuer Wein in bewährten Schläuchen?

Ein Blick in die Vergangenheit insbesondere auf Entwicklungen, die in Deutschland unter dem Stichwort »Humanisierung der Arbeitswelt« bekannt wurden, zeigt, wie wir zu der zugegebenermaßen provokanten

Behauptung kommen, dass agiles Arbeiten neuer Wein in bewährten Schläuchen sei. Wir möchten hier aufzeigen, dass agiles Arbeiten das Rad auch nicht neu erfunden hat. Und es auch keine Veranlassung dazu gab. Vielmehr greift agiles Arbeiten auf verschiedene etablierte und praktikable Vorgehensweisen (oder Schläuche) zurück, macht sich diese für seine Zwecke eigen und verwirft anderes, das nicht mehr zu den Problemen der Zeit passt.

Die Wurzeln der agilen Teamarbeit liegen in Wahrheit deutlich tiefer, als es die landläufige Bezugnahme auf das agile Manifest aus 2001 vermuten lässt. Wer tiefer gräbt und schließlich den Kern in Händen hält, stellt mit Erstaunen fest, dass etwa (manche) teilautonome Arbeitsgruppen in der Produktion seit langem nach agilen Prinzipien arbeiten, ohne dass es je so wahrgenommen oder gar bezeichnet wurde.

Die Tradition von Teamarbeit, gerade im deutschsprachigen Raum, ist lang. Die Verankerung von hierarchischen Arbeitsweisen mit einer klaren Aufgaben- und Verantwortungszuweisung, mit Befehl und Gefolgschaft, wurde im Rahmen der gesellschaftlichen Veränderungen in den späten Sechzigerjahren des vergangenen Jahrhunderts durch ein Leitbild der selbstgesteuerten Teamarbeit abgelöst. Oft ironisch kommentiert mit dem Spruch »TEAM: **T**oll **E**in **A**nderer **M**acht's«.

Trotz der Kritik und einer durchaus reservierten Haltung konservativ Denkender, trat die Gruppenarbeit ihren Siegeszug an. In Deutschland wurden seit Mitte der 1970er-Jahre im Rahmen des von der Bundesregierung finanzierten Forschungsprogramms »Humanisierung des Arbeitslebens« auf sozialwissenschaftlicher Grundlage Konzepte zur (teil-)autonomen Gruppenarbeit praxisnah erprobt und weiterentwickelt. Richtungsweisend für die Weiterentwicklung von Gruppenarbeit waren die skandinavischen Länder (Volvo-Werke in Schweden) sowie die Forschungsergebnisse des englischen Tavistock Instituts.

Dabei wurden schon in den späten Achtzigerjahren landauf, landab in den Unternehmen durchaus zutreffend und plakativ die Erfolgsvoraussetzungen für Teams genannt.

Als Berater mit etlichen Jahren an Berufserfahrung hatten wir das Glück sowohl die breite Einführung von Gruppenarbeit vor nunmehr über dreißig Jahren als auch das Aufkommen agiler Arbeitsweisen verfolgen zu dürfen. Was fiel uns besonders auf, als wir das erste Mal mit dem wachsenden Trend zu agilen Methoden vor etwa zehn Jahren in Berührung kamen? Vieles, das im vorangegangenen Jahrhundert an der Gruppenarbeit überzeugen konnte, ähnelt augenfällig den Prinzipien von heutigen agilen Teams. Und was noch verblüffender für uns war: Viele alte Ideen und Prinzipien der Gruppenarbeit tauchen bei agiler Teamarbeit wieder auf. Vielfach finden sich die alten Grundgedanken in einer ausgereifteren Form wieder – anscheinend entwickelt sich die Menschheit eben bisweilen doch positiv.

» Man könnte auch sagen, dass agile Methoden eine radikale Zuspitzung von Grundgedanken der Gruppenarbeit sind.

Sehen wir uns das näher an:

Praxis

Damit eine Gruppe erfolgreich arbeiten kann, braucht diese Transparenz in einem umfassenden Sinne. Jedes Teammitglied muss wissen, was die Ziele der Gruppe und jedes einzelnen sind. Um den Stand der Zielerreichung abzugleichen, braucht es regelmäßigen Austausch. Diese Voraussetzungen für erfolgreiches Arbeiten gelten ebenso für agile Teams, nur haben agile Vorgehensweisen dies perfektioniert. Ausgefeilte Formen der Visualisierung (siehe Kapitel 4.3), stets einsehbare und priorisierte Backlogs für alle Teams, ein Sprint Backlog für den aktuellen Arbeitszyklus sowie kontinuierliche Auswertungen der Arbeitsergebnisse und des Arbeitsprozesses katapultieren agile Teams auf den Olymp der Transparenz.

Eine kühne Idee aus den Frühzeiten der Gruppenarbeit, die in manchen Projekten realisiert wurde, in späteren Entwicklungen aber mitunter wieder fallengelassen wurde, ist die Idee der cross-funktionalen Zusammensetzung und Komplettbearbeitung von Aufgaben im Team. Damit war der Abschied von funktionaler Spezialisierung hin zu komplett bearbeitungsfähigen Einheiten im Industriebetrieb getan. Ein Beispiel wäre, dass in einer Metall verarbeitenden Fabrik die Arbeitsschritte Drehen, Bohren und Schleifen integriert wurden und nicht mehr von einzelnen Arbeitern, sondern von einem Team wahrgenommen wurden.

Agile Arbeitsweisen haben dieses Prinzip auf die Spitze getrieben und die professionsübergreifende Zusammenarbeit verschiedener Disziplinen (zum Beispiel Programmierer, Projektmanager und Marketingverantwortlicher), die gemeinsam im Team an einer Aufgabe arbeiten, als wesentliche Grundlage der agilen Arbeit formuliert. Agiles Arbeiten hat verstanden, dass so kreative Potenziale frei werden, gedankliche Schranken und Barrieren zwischen verschiedenen Disziplinen, Abteilungen und – ja – auch hierarchischen Ebenen fallen. Fehler werden frühzeitiger erkannt und vermieden, schnellere Handlungsfähigkeit ist gegeben, um der Komplexität schnell wechselnder Kundenanforderungen gerecht zu werden.

Spaß an der Arbeit und Steigerung von Produktivität durch die Entfaltung der Gruppendynamik und der Potenziale der Selbststeuerung war schon der Kern der Gruppenarbeit nach skandinavischen oder deutschen Leitbildern. Ein Grundgedanke der agile Methoden mit autonomer Gruppenarbeit verbindet, ist, dass Handlungsspielräume kreative Potenziale freisetzen – und das macht Spaß und fördert die Produktivität. Die Gruppe im klassischen Industriebetrieb, wie das agile Team, steuert sich selbst, was auch den Personaleinsatz und die Qualifizierung mit einschließt. Was agile Teams den traditionellen Ansätzen der Gruppenarbeit voraushaben ist, dass die Selbststeuerung neue Stützen durch ein agiles Framework erhält:

- weitgehende Transparenz (etwa durch das für alle einsehbare Product Backlog und Sprint Backlog beim agilen Framework Scrum) als Voraussetzung von Selbstorganisation,
- Aufteilung der Arbeit in kurze iterative Schleifen, die nach dem Prinzip des Timeboxings (am Endtermin ist nicht zu rütteln) bearbeitet werden,
- kontinuierliche und kurzzyklische Auswertung der Ergebnisse (Review) und Prozesse (Retrospektive) am Ende einer Iteration, wodurch ein neues Niveau kontinuierlichen Lernens ermöglicht wird,
- die Trennung von Prioritätensetzung und Einschätzung vorhandener Ressourcen durch klare Rollenbeschreibungen (eine Rolle legt die Prioritäten fest, das Team erarbeitet ein realistische Einschätzung vorhandener Kapazität) und schlussendlich
- ein verändertes Führungsverständnis, in dem Führung als Befähigung zur Selbstorganisation verstanden wird.

Übrigens profitiert agiles Arbeiten natürlich auch von neuen Softwarelösungen, die es vor dreißig Jahren schlicht und einfach noch nicht gegeben hat. Zu dieser Zeit standen fortschrittlichen Unternehmen gerade einmal Großrechner zur Verfügung, die mit Lochkarten gefüttert wurden und beispielsweise Lohnberechnungen im Batchbetrieb abarbeiten konnten. Heute können Programme für Backlogs und Rollenkonzepte und vieles mehr die Zusammenarbeit von Menschen wirkungsvoll unterstützen:

Und zum Abschluss dieses kleinen Ausflugs in die Welt der Gruppenarbeit, soll eine Gemeinsamkeit dieser beiden Organisationsformen von Arbeit nicht unterschlagen werden. Denn auch bei den typischen Problemlagen sind die Ähnlichkeiten evident:

- Wie lässt sich im Spannungsfeld zwischen Steuerung des Teams von außen und Eigenverantwortung das richtige Maß finden? Was bedeutet dies für die Führungsrolle? Welche Formen von Steuerung gibt es?

- Hält es die Organisation aus, dass eigenverantwortliche Teams Entscheidungen treffen, die nicht vorhersagbar, unerwartet oder gar bisherigen Grundannahmen widersprechend sind?

Agiles Manifest

Eine weitere wertvolle Quelle für die Entwicklung agiler Vorgehensweisen findet sich in den Überlegungen und Erfahrungen aus der Start-up-Bewegung und der Software-Industrie: Raus aus hierarchischen Projektstrukturen mit langwierigen Abstimmungsprozessen und bürokratischen Dienstwegen – stattdessen Fokus auf das, was Nutzen bringt, neue Erkenntnisse sichtbar macht und für Erfolgserlebnisse sorgt: kurzum, den Spaß in die Arbeit zurück bringt. Dies führte zu dem bekannten *Agilen Manifest.*

Bereits seit Beginn der Neunzigerjahre wurden in der Softwareentwicklung erste Ansätze der damals noch leichtgewichtig genannten Methoden erstellt, die eine Alternative zu den seinerzeit vorherrschenden, als schwerfällig gesehenen Methoden wie dem Wasserfallprinzip und dem V-Modell bieten sollten. 2001 formulierten führende Softwareentwickler das *Agile Manifest*, das in der folgenden Abbildung übersetzt und leicht verallgemeinert dargestellt ist (siehe zum Beispiel Gloger 2009).

Praxis

Die Erfahrungen vieler Industrieunternehmen bei der Einführung und Weiterentwicklung von Gruppen- und Teamarbeit aus den letzten zwanzig Jahren zeigen eines ganz deutlich: Auf die Dauer arbeiten Teams und Gruppen nur dann mit hoher Motivation an der Erbringung besonderer Leistungen, wenn diese Form der Arbeitsorganisation vom Management als Wettbewerbsfaktor und Führungsinstrument erkannt und bewusst gestaltet wird. Mit anderen Worten: Selbststeuerung von Teams wird in den erfolgreichen Unternehmen nicht etwa als Selbstzweck eingeführt, ebenso wenig als (pseudo)demokratisches Credo und erst recht nicht als Kunst am Bau im Sinne eines »das tun wir eben für das Wohlbefinden unserer Mitarbeiter«, sondern mit einer ganz konkreten unternehmerischen Zielsetzung. Worin nun genau der Benefit für Unternehmen besteht, indem sie auf agile Teams setzen, soll im folgenden Kapitel dargestellt werden.

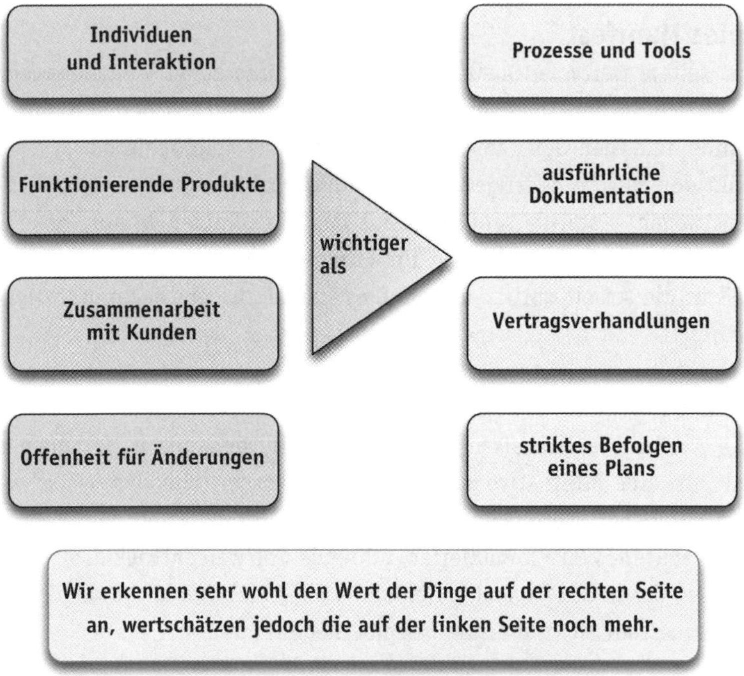

Das Agile Manifest, Quelle: Kullmann et al. 2014
(in Anlehnung an www.agilemanifesto.org 2001)

1.4 Benefit für Unternehmen und Organisationen

Agiles Arbeiten ist als Konzept noch verhältnismäßig jung. Viele Organisationen sind gerade erst dabei, sich agiles Arbeiten als gelebte Praxis anzueignen und erhoffen sich davon wirtschaftliche Vorteile. Doch ist dieser fromme Wunsch auch wirklich realistisch erfüllbar? Lohnt sich die Einführung agilen Arbeitens für eine Organisation?

Dass agiles Arbeiten mehr als nur ein schillerndes Konzept ist, zeigt etwa eine jüngst veröffentlichte Studie, die den wirtschaftlichen Erfolg agil arbeitender Unternehmen herausstreicht. In der 2017 erschienenen Studie der Boston Consulting Group wurden tausendeinhundert Führungskräfte aus vierzig Ländern und zehn Branchen befragt. Eindeutiges Ergebnis waren klare Wettbewerbsvorteile, die sich in deutlich höheren Margen und einem stärkerem Wachstum im Vergleich zur Konkurrenz aus derselben Branche niederschlagen (Boston Consulting Group 2017).

Doch womit genau lassen sich diese beeindruckenden Zahlen eigentlich erklären? Oder anders gefragt: Was genau verschafft Unternehmen, die agil arbeiten, Wettbewerbsvorteile? Die Schlagkraft agilen Arbeitens setzt sich aus einer Reihe unterschiedlicher Einflussfaktoren zusammen, die sich aus unserer Sicht in der Essenz auf drei wesentliche Punkte herunterbrechen lassen:

- Agiles Arbeiten setzt auf konsequente Kundenorientierung
- Agile Teams ermöglichen schnelles Reagieren
- Agile Teamarbeit nutzt die Ressourcen der Mitarbeiter

Agiles Arbeiten stärkt die Kundenperspektive

Ein zufriedener Kunde ist der beste Garant für langes wirtschaftliches Überdauern eines Unternehmens. Gerade im stürmischen Umfeld des heutigen Wettbewerbs und den hohen Anforderungen der Kunden (sei es organisationsintern oder auch von realen Kunden) scheint dies bedeutsamer denn je zu sein. Bislang ist keine andere Arbeitsweise bekannt, die sich so konsequent an den Bedürfnissen des Kunden ausrichtet wie agiles Arbeiten.

Der übliche 08/15-Kundenabwicklungsprozess bei dem sich, zugegebenermaßen überspitzt formuliert, der Kunde vertrauensvoll an den weisen Dienstleister wendet, der mit einem schlüssigen Plan vom Konzept zum Endprodukt, alle Wünsche des Kunden vollauf erfüllt, ist längst überholt. Aus einem einfachen Grund: der Kunde selbst kann oft nicht wissen, wie das Ergebnis des gewünschten Produktes eigentlich aussieht. Zwar steht zu Beginn jedes Auftrages die Formulierung von konkreten kundenseitigen Anforderungen, aber die Praxis zeigt, dass sich diese im Zuge des Arbeitens verändern, neue hinzutreten, andere wegfallen und dies eher die Regel als die Ausnahme ist.

Praxis

Agiles Arbeiten reagiert auf diese planbare Unplanbarkeit mit dem Konzept der Iterationen, in dem auf einer Mikroebene der gesamte Produktentstehungsprozess von der Konzeptphase über Planung bis zur Umsetzung abgebildet und direkt ins Team hineingetragen wird. Regelmäßige Evaluation, ein kontinuierlicher Lernprozess innerhalb des Teams (»Das müssen wir in der nächsten Iteration unbedingt beachten«) und die zeitnahe Berücksichtigung von Kundenanforderungen («Achtung, hier gibt es eine Änderung. Wie können wir damit umgehen?«) werden zum Garanten für die bedürfnisnahe Bearbeitung von Kundenwünschen. Auf den Punkt gebracht: Da zu Beginn der Arbeit nicht mit Sicherheit vorhergesagt werden kann, was der Kunde braucht, muss zumindest ein stabiler Prozess geschaffen werden, der diese Unplanbarkeit planmäßig berücksichtigt und die bestmöglichen Ergebnisse erzielt. In dessen Zentrum steht das Team, das die Kundenanforderungen in die laufende Arbeit integriert. Das ist das Erfolgsmodell agilen Arbeitens.

Damit in agilen Teams die Anforderungen des Kunden stets an vorderster Front im Arbeitsgeschehen Berücksichtigung finden, wird durch verschiedene agile Praktiken gewährleistet. So wird jede Tätigkeit aus einer User story abgeleitet, die einzelnen Arbeitsaufgaben, die innerhalb des Teams verteilt werden, stehen in direkter Beziehung zu dieser. Im Backlog – dem Ort in dem alle Anforderungen transparent für alle aufgehoben sind – wird nichts festgehalten, was nicht für den Kunden von Relevanz ist. Veränderte Anforderungen des Kunden können unkompliziert darin aufgenommen und unmittelbar in den Arbeitsprozess integriert werden. Die Auswertung des Arbeitsergebnisses am Ende jeder auf einen überschaubaren Zeitrahmen angesetzten Iteration birgt die Möglichkeit für Nachjustierungen, um die Passung mit den Kundenanforderungen zu gewährleisten. Und im agilen Framework Scrum wurde sogar eine eigene Rolle geschaffen, die nur dazu da ist, die kundenseitigen Anforderungen zu repräsentieren. Der sogenannte Product Owner stellt »the voice of the customer«, die Stimme des Kunden dar, die dadurch direkt ins Team hineingeholt wird. (Die wörtliche Übersetzung von Product Owner ist Produkteigentümer. Dies wird im übertragenen Sinne für diejenige Rolle verwendet, die die Prioritäten im Team setzt und für die Kundenverbindung zuständig ist.)

Agile Teams ermöglichen schnelleres Reagieren

Nach der Einführung von agiler Teamarbeit stellen wir immer wieder fest, dass die Antwort auf die Frage, was denn nun eigentlich anders ist, vielfach mit der Auskunft beantwortet wird: »Wir sind schneller!« Fragt man etwas genauer nach, wird schnell klar, was damit gemeint ist. Denn es geht nicht – wie man annehmen könnte – darum, die einzelnen Arbeitsschritte zu beschleunigen, wie man es etwa noch aus fordistischen Zeiten kennt, à la »dieser Takt muss ab sofort zwei Sekunden schneller erledigt werden«. Nein, gemeint ist, dass auf kurzfristige Veränderungen schneller reagiert werden kann. Und das ist der Faktor, der die große Zeitersparnis mit sich bringt.

Veränderte Kundenanforderungen, Lieferengpässe, krankheitsbedingte Ausfälle, modifizierte Zeitpläne, neue zündende Ideen, technische Schwierigkeiten et cetera. Die Liste möglicher Faktoren, die den Regelarbeitsprozess unterbrechen ist schier unendlich. Das ist an und für sich keine neue Erkenntnis, aber was neu ist, ist wie agile Arbeit diese Komplexität beherrschbar macht.

These

Wie wir bereits an anderer Stelle erläutert haben, besteht ein Kunststück agilen Arbeitens darin, das große Ganze in kleine Einheiten aufzuteilen, sozusagen den Elefanten in Scheiben zu schneiden, in sogenannte Iterationen. Dadurch entgeht das Team der Gefahr, die Übersicht zu verlieren. Auf die Vielzahl der oben erwähnten Ereignisse kann kurzfristig reagiert werden und es besteht laufend die Möglichkeit nachzujustieren, um Kursabweichungen bereits an der Stelle zu korrigieren, an der sie noch keinen Schaden angerichtet haben. Klare Rollenkonzepte unterstützen alle Beteiligten die Übersicht zu behalten und sich auf das Wesentliche (nämlich die Kundenanforderungen) zu konzentrieren.

Das durchgängige Prinzip des Timeboxing beschleunigt Arbeitsprozesses ungemein, weil es zur Fokussierung nötigt. Timeboxing wird in agilen Frameworks auf verschiedene Ebenen des Arbeitsprozesses angewendet, nämlich auf:

- das Gesamtprojekt: »Was feststeht ist, dass das Projekt am 31.12. endet. Was noch nicht feststeht ist das Ergebnis.«
- einzelne Iterationen: Das agile Framework Scrum setzt als Sprint-Dauer etwa einen Zeitraum von zwei, drei oder vier Wochen fest.
- einzelne Events: zum Beispiel dauert das Daily Meeting nie länger als zehn Minuten.

Teamarbeit ist aus unserer Sicht die optimale Organisationsform, um in kurzen Zyklen auf Basis des Prinzips des Timeboxing zu arbeiten. Ein Grund hierfür ist, dass das Team die optimale Größe hat! Ab einer gewissen Anzahl an Personen, die in den Arbeitsprozess involviert sind, wird es unübersichtlich. Möglicherweise erinnert Sie das an das alte Sprichwort »Viele Köche verderben den Brei«. Ein schlagkräftiges Team überschreitet in der Regel die magische Zahl von sieben (± zwei) Teammitgliedern nicht. Dadurch ist es noch möglich, Hindernisse im direkten Austausch zu klären ohne zusätzliche (bürokratische) Hürden nehmen zu müssen. Denn dort wo viele Menschen zusammenarbeiten, können einfache Änderungen eine große Komplexität entfalten: Wer ist noch mal mein Ansprechpartner in Abteilung XY? Herrn M. verpasse ich ständig, weil er immer in Meetings sitzt. Brauche ich zu diesem technischen Problem eine Stellungnahme aus der Qualitätssicherung? Kann unser Programm das eigentlich? Besser frage ich in der IT-Abteilung nach. Der Gefahr, die ohnehin schon große (und zunehmende) Komplexität durch organisationsinterne Faktoren noch zu potenzieren, wird durch das Einrichten von agilen Teams vorgebeugt.

Das agile Team ist aber auch deshalb so hoch reaktionsfähig, weil es die richtige Mischung an Experten aus verschiedenen Bereichen und Disziplinen in sich vereint, nämlich genau die Personen die es zur Bearbeitung der gemeinsamen Aufgabe benötigt. Die Experten innerhalb eines Teams wissen genug voneinander und von den jeweiligen Arbeitsprozessen, um direkten Austausch effizient und effektiv gestalten zu können. Im Optimalfall ist der Kollege, dessen Stellungnahme ich benötige in meinem Team und mir ist bekannt, wann ich ihn am besten erreichen kann. (Und auch hier kann ein oftmals bemühtes und überstrapaziertes Beispiel zur Illustration dienen: »Das Ganze ist mehr als die Summe seiner Teile!«)

Agile Teams sind also klein genug, um direkten Austausch schnell zu organisieren und groß genug, um die Potenziale vieler Experten zu bündeln. Es reicht aber nicht aus, viele kluge Köpfe in einem Team zu vereinen: Alle Teammitglieder haben ein gemeinsames Ziel, zu dem sie sich committen und das die Orientierungsgröße für das Arbeiten darstellt. In der Praxis lässt sich schnell erkennen, ob sich das Team als Ganzes für ihr Ergebnis verantwortlich fühlt. Sätze einzelner Teammitglieder wie »Also ich habe meinen Teil getan, aber …«, »Hätte ich nur mal die Zuarbeit von XY früher gekriegt, dann …« zeigen schnell auf wie es um die Übernahme gemeinsam geteilter Verantwortung steht.

Übrigens möchten wir nicht den Anschein erwecken, dass ein gut funktionierendes Team, in dem sich alle Mitglieder einhellig auf ein Ziel committen und sich darum reißen, Eigenverantwortung zu übernehmen, ein Selbstläufer ist oder gar mit der Einführung von Teams automatisch entsteht. Es gibt viele Hindernisse und Hürden für wirklich schlagkräftige agile Teams, die etwa mit der Art und Weise der Einführung der Teams in die Organisation (zum Beispiel sind wenig transparente und partizipative Einführungsprozesse als größte Motivationskiller im Change Management längst bekannt), der Organisation in der das Team eingebettet ist (zum Beispiel stark hierarchische Organisationskultur) oder mit den Teammitgliedern selbst zu tun (»Eigentlich fand ich es gar nicht so schlecht als sich der Chef noch seinen Kopf für das Ergebnis hinhalten musste«) haben können.

Agile Teamarbeit nutzt die Ressourcen der Mitarbeiter

Was aus unserer Sicht den Unterschied zwischen funktionierender Zusammenarbeit und richtig schlagkräftigen Teams ausmacht, ist, wie motiviert die einzelnen Teammitglieder bei der Arbeit sind. Ein Faktor ist hier entscheidend, die – von Experten so bezeichnete – Gruppenkohäsion oder einfach ausgedrückt das Gefühl der Zusammengehörigkeit. Aus der sozialpsychologischen Forschung ist bekannt, dass dieses Gefühl den mitunter stärksten Motor für erfolgreiches Arbeiten im Team darstellt.

Die Arbeit in agilen Teams trägt zur Gruppenkohäsion und zur Motivation der einzelnen Teammitglieder auf verschiedene Art und Weise bei: transparente Prozesse, klare Ziele, direkte Rückmeldung über das Arbeitsergebnis und die Möglichkeit, auf die Arbeit Einfluss zu nehmen, sind Faktoren die sich hier günstig auswirken. Mitunter motiviert viele Menschen schon die Erfahrung des Zusammenarbeitens. Denn damit werden psychologische Grundbedürfnisse eines jeden Menschen nach Zugehörigkeit, Leistung und Anerkennung bedient. Wenn ich in einer Gruppe arbeite, dann werde ich gebraucht und bin etwas wert. Ich bin dann auch nicht mehr allein unterwegs, sondern Mitglied eines Teams. Diese Motivatoren werden gerne übersehen, sind aber wichtige Grundbedürfnisse, die jeder Mensch hat und jeder Mensch befriedigt sehen möchte. Die Zugehörigkeit zu einem Team wird vom Einzelnen typischerweise als Stärke empfunden und steigert seinen Selbstwert. Das Zusammenarbeiten im Sinne des Zusammen-etwas-Schaffens beziehungsweise des gemeinsamen Auf-etwas-hinarbeitens sind weitere positive Momente agiler Teamarbeit. Gelingt es in einem Team ein ehrliches Commitment für ein Ziel herzustellen, so ist das wahrscheinlich der größte Motivator für die Arbeit – und nebenbei macht das auch noch Spaß.

> Agiles Arbeiten setzt auf die Ressourcen der Mitarbeitenden. Nicht nur eine motivierte Belegschaft wird hier zum zentralen Wettbewerbsfaktor sondern auch eine kompetente Belegschaft.

Und auch hier bietet agiles Arbeiten einen passenden Rahmen um Lernprozesse besser als in klassischen Command-and-control-Arbeitsumgebungen anzuregen. Durch kurze unmittelbare Rückmeldung über das Arbeitsergebnis und den Arbeitsprozess (am Ende einer Iteration) und die Anforderung, das eigene Leistungsvermögen laufend abzuschätzen, werden laufend Lernprozesse angestoßen. Die Notwendigkeit in einem interdisziplinär besetzten Team eng zusammenzuarbeiten regt dazu an, über die Grenzen der eigenen Disziplin hinauszudenken.

1.5 Neue Qualität des Arbeitsprozesses für den Einzelnen

Als erfahrene Berater für die Einführung von Gruppen- und Teamarbeit sind wir schon seit vielen Jahren unterwegs und durften einiges erleben. Was uns immer an unserer Arbeit motiviert hat, war, dass stets spürbar wurde, dass am Ende eines (zugegebenermaßen manchmal für alle Beteiligten ganz schön anstrengenden) Einführungsprojektes die Mitarbeitenden zufriedener mit den neuen Strukturen und Arbeitsweisen sind.

Menschen sind von Geburt an gewohnt in kooperativen Strukturen zu leben und zu arbeiten. Angefangen von der Kindergartengruppe, über den Fußballklub bis hin zur Gruppenreise. Einen Großteil der Aktivitäten unseres Lebens bestreiten wir in Gruppen. Und in der Regel haben wir dort Gestaltungsspielräume. Warum sollte das in der Arbeitswelt anders sein?

Tipp

Menschen macht es Spaß, in Gruppen zu arbeiten, wenn es gelingt, ihnen Spielräume zu gewähren. Aus diesem Grunde sind wir seit (mittlerweile) Jahrzehnten erfolgreich mit unserem Produkt »Teamarbeit« am Markt.

Natürlich verkaufen wir nicht mehr dieselbe Form von Teamarbeit wie noch Anfang der Achtzigerjahre. Die Welt hat sich weitergedreht, Teamarbeit muss neuen Herausforderungen begegnen können (vergleiche Kapitel 1.1) und die Antwort darauf ist aus unserer Sicht, Teamarbeit mit agilen Arbeitsweisen zu verknüpfen. Und das verblüffende daran: Die Teamarbeit macht durch diese Fusion noch mehr Spaß! Es scheint, dass diese beiden Prinzipien zueinander passen, wie der Schlüssel zum Schloss.

Agile Teamarbeit beinhaltet all das was bisher auch schon an Teamarbeit Spaß gemacht hat: in einem kleinen Team gemeinsam an einem Strang zu ziehen, sich dabei über alles Relevante auszutauschen, die Köpfe zusammenzustecken wenn es ein Problem gibt, Lösungswege auszuarbeiten, Entscheidungen zu treffen und dann die Konsequenzen zu tragen. All das sind Kernbestandteile von Teamarbeit. Und all das beinhaltet auch agile Teamarbeit selbstverständlich weiterhin.

Hinzu kommen aber noch neue Elemente, die Teamarbeit erst richtig effizient und aus Perspektive der Mitarbeitenden interessant machen. Das Hinzufügen von agilen Prinzipien gibt der Teamarbeit sozusagen erst die besondere Geschmacksnote, die es zum einzigartigen Erlebnis werden lässt.

In einer Befragung in verschiedenen Betrieben, die den Sprung von Teamarbeit as usual auf agile Teamarbeit vollzogen hatten, konnten wir mehrere Aspekte von agiler Teamarbeit extrahieren, die neu hinzukommen und den Mitarbeitenden besonderen Spaß machen.

Spaß macht agile Teamarbeit vor allem deshalb, weil

- im Team der gemeinsame Fokus, die Priorität zu spüren ist,
- ich weiß, was mein Beitrag und der Beitrag meines Teams zum Gesamterfolg sind,
- es gelingt, die ständigen Unterbrechungen, den Kleinkram zwischendurch rauszuhalten (oder zu kanalisieren)
- es immer besser klappt, Aufwände realistisch einzuschätzen,
- häufige, kleine Erfolgserlebnisse zu feiern sind und ich merke, dass mein Tun etwas bewirkt.

Schauen wir uns das einmal genauer an.
Agile Teamarbeit setzt darauf, dass alle Mitglieder zum Team committet, und dies gelingt durch einen gemeinsamen Fokus. Dieser ist bei agilen Arbeitsweisen klar definiert und, was noch entscheidender ist, für alle ersichtlich. Dafür gibt es ein Dokument, das sogenannte Teambacklog. Dieses legt in priorisierter Reihenfolge die Aufgaben des Teams fest. Dadurch wird dem unschönen Gefühl vorgebeugt, das durch aufkommende Zweifel entstehen können: Arbeite ich möglicherweise am Kern der Aufgabe vorbei? Mache ich gerade wirklich das, was für unser Ziel am wichtigsten ist, oder mache ich gerade nur die Aufgabe, weil sie mir zugeflogen ist, sie mir einfach von der Hand geht oder mir einfach nicht klar war, was eigentlich gerade wichtig ist? Es ist ein unglaublich beruhigendes und motivierendes Gefühl zu wissen, sich gerade mit dem zu beschäftigen was unsere Sache wirklich voranbringt.

Was neben einem klaren Fokus aber mindestens genauso wichtig ist, ist zu wissen, was der Beitrag meines Teams am großen Ganzen ist. Dafür gibt es das sogenannte Product Backlog in dem für alle transparent ist, was die Gesamtaufgabe ist und wo in dem Ganzen unser Team eine Rolle spielt. Daneben wissen alle Teammitglieder, dass ihr Beitrag mit den Wünschen des Kunden abgestimmt ist, da die Zwischenergebnisse jeder Iterationen mit dem Kunden rückgekoppelt werden und es meist eine eigene Rolle gibt, die genau die Kundenanforderungen im Blickfeld hat (Product Owner). Dadurch wird für den einzelnen vermieden, dass sich im Zuge der Arbeit der quälende Gedanke einschleicht: »Na ja, so wie das ganze gerade aussieht, kriegen wir zwar ein schönes Ergebnis, aber das, was der Kunde anfänglich wollte, so sieht es nicht gerade aus!?« Es ist für die Mitarbeitenden stets klar, dass das, woran ich arbeite, für den Kunden relevant ist. Und dieses Wissen ist eine zentrale Quelle dafür, dass mir die Arbeit Spaß macht. Es vermittelt ein Gefühl der Bedeutsamkeit: Meine Tätigkeit hat Sinn und Gewicht. Das, was ich heute mache, wird nicht irgendwo im Laufe des Weges in einer Schublade verschwinden, sondern ist wichtiger Bestandteil des Gesamtergebnisses. Und das habe ich sogar schwarz auf weiß.

Aus der Arbeitspsychologie und der Praxis zahlreicher Teamarbeitsprojekte wissen wir: die wahrscheinlich größte Quelle für Frust in der Arbeit ist es, wenn ich mit ständigen Störungen und Unterbrechungen zu kämpfen habe, die mich immer wieder aus meinem gewohnten Arbeitsrhythmus herausreißen (näheres hierzu finden Sie in Kapitel 8). Dabei sind nicht unbedingt die großen Unterbrechungen (Bandstillstand, defekter Laptop, et cetera) die ärgerlichsten Faktoren, sondern es sind die kleinen, immer wieder auftretenden Ärgernisse, die in Summe zu großer Frustration führen. Ein probates Mittel gegen diese Ärgernisse des laufenden Betriebs hat die Teamarbeit entwickelt: Es ist der kontinuierliche Austausch über Probleme und die selbstverantwortliche Weiterentwicklung des Prozesses. All das übernimmt agile Teamarbeit, hinzu kommen aber mindestens noch zwei Faktoren, die den störungsfreien Arbeitsfluss begünstigen:

1. Es gibt eine Rolle die genau dafür zugeschnitten wurde, um dem Team den Rücken frei zu halten. Im agilen Framework Scrum wird diese Scrum Master genannt.

2. Ein systematisches Auswertungsgespräch über den Arbeitsprozess findet am Ende jeder Iteration, jeder Arbeitsphase statt und hat genau auch diese laufenden Störungen im Arbeitsprozess zum Thema. Im Beisein des gesamten Teams und des Scrum Masters ist der Raum da, die Ursachen von Störquellen zu eruieren und zu beseitigen. Und das schafft einfach Entlastung.

Der letztgenannte Punkt, nämlich das Stattfinden von regelmäßigen Auswertungsmeetings über den Arbeitsprozess und die Arbeitsergebnisse einer Iteration (Sprints), hat noch einen ganz wesentlichen Effekt. Es stellt sich gewohntermaßen nämlich der Umstand ein, dass die Teams durch die kontinuierliche Rückschau auf den Sprint und den Vergleich zwischen dem, was sie sich ursprünglich vorgenommen haben und dem, was dann schlussendlich rausgekommen ist, immer kompetenter darin werden, realistisch einzuschätzen, was sie sich vornehmen können.

Beispiel:
Vielleicht kennen Sie folgende Situation: Voller Enthusiasmus starten Sie in ein neues Projekt, zum Beispiel wollen Sie eine kleine Werbebroschüre für Ihren Verein erstellen. Sie starten natürlich mit einer ausführlichen Planung, überlegen sich die einzelnen Arbeitsschritte und deren Abfolge, den besten Weg wie ans Ziel kommen: »Zuerst überlege ich mir die Inhalte, außerdem befrage ich die anderen Vereinsmitglieder zu ihrer Meinung, für das Layout brauche ich auch zunächst eine grobe Idee, dann muss ich nach einem Grafikbüro recherchieren, et cetera« Am liebsten hätten Sie die Broschüre zur Jahreshauptversammlung des Vereins fertiggestellt, die aber schon in sechs Wochen stattfindet. Hier schleicht sich vielleicht schon ein leichter Zweifel ein, »Puh, das wird eng«. Aber da Sie ja den Plan selbst aufgestellt haben und es ihnen wichtig ist, die Broschüre am Tage X fertig zu kriegen, sagen Sie sich »Wird schon« und schieben erst mal den störenden Gedanken wieder beiseite. Dann geht´s los. Doch blöderweise kommt am nächsten Wochenende überraschend ein Freund zu Besuch und das Wochenende darauf wollten Sie mit der Familie zur Ostsee fahren. Sie arbeiten zwar an den Abenden nach

der Arbeit, aber da Sie da auch ganz schön belastet sind, schaffen Sie leider nicht so viel, wie Sie sich vorgenommen hatten. Auch die Suche nach einem Grafikbüro läuft schwieriger an als geplant, da Sie nicht bedacht hatten, dass Urlaubszeit ist. Als der Stichtag immer näher rückt, müssen Sie dann zähneknirschend zugeben, dass die Broschüre nicht fertig werden wird, sie brauchen noch mindestens ein Monat länger. Und das Schlimmste daran ist, rückblickend waren die vergangenen sechs Wochen ungemein anstrengend, weil es ein verdammt schlechtes Gefühl macht, ständig einem Zeitplan hinterherzurennen, der – realistisch betrachtet – nicht haltbar war.

Dieses Phänomen kommt gerade in Projektarbeit häufiger vor als vermutet. Agile Teams sind oftmals mit komplizierten Aufgaben betraut, die von einer Reihe von Einflussfaktoren schnell durcheinander gewirbelt werden können. In diesem stürmischen Umfeld einen robusten Plan zu erstellen ist eine Kunst. Und wie bei allem gilt, auch hier, dass diese erst erlernt werden muss. Agiles Arbeiten in Teams bietet genau den Rahmen hierfür: nämlich durch die Aufteilung des Arbeitsprozesses in kurze Iterationen, die gemeinsame Einschätzung im Team, was darin erreicht werden soll (Sprint Planning Meeting) und die Bewertung, was rausgekommen ist. In bisher allen von uns begleiteten Einführungsprozessen zu agiler Teamarbeit hatte sich ein regelrechter Aha-Effekt eingestellt, als es endlich gelungen war, zielsicher einen realistischen Plan aufzustellen. Darin liegt die Kunst und eine unglaubliche Quelle von Befriedigung, wenn dies gelingt und das ständige Gefühl, hinterher zu sein, abgelegt werden kann.

Und damit sind wir auch schon bei einer weiteren Quelle von Spaß an der Arbeit in agilen Teams angelangt: agile Teamarbeit liefert häufig Anlässe Erfolge zu feiern: »Endlich konnte dieser nervige zusätzliche Abstimmungsschritt abgestellt werden.« »Die neue Idee ist gleich in den nächsten Sprint eingeflossen und war erfolgreich.« »Die neu eingeschlagene Richtung ist für den Kunden überzeugend.« »Wir haben es geschafft die Aufwände für den Sprint richtig zu planen, high five!«

» Ein wesentlicher Gedanke agilen Arbeitens ist es, Erfolge sichtbar zu machen.

Wie oft kommt es vor, dass gar keine Zeit dafür bleibt, das Erreichte zu würdigen, weil bereits fünf drängende Aufgaben keinen Moment zum Durchatmen und Innehalten geben. Genau hierfür gibt es bei agilen Arbeitsweisen regelmäßige Auswertungsrunden und zwar in kurzen Abständen, nämlich immer am Ende einer Iteration. Dadurch entstehen gerade diese Räume zum Innehalten und Wertschätzen der Arbeit und der erzielten Erfolge. Die Planung der nächsten Iteration ist bewusst nicht in diesen Auswertungsrunden mitenthalten, da dies sofort den oben beschriebenen Effekt auslösen würde: »Schnell an die Planung der nächsten Schritte«.

Unsere Empfehlung ist es auch, großen Wert auf die Visualisierung der erzielten Erfolge zu legen. Was uns immer an Teamarbeit as usual gestört hat, war, dass zwar vieles visualisiert wurde, aber in der Regel nur das, was noch offen ist, was fehlt, was ein To-do ist. Hier setzt agiles Arbeiten einen anderen Akzent, indem erledigte Aufgaben bewusst dargestellt werden: so werden die Arbeitspakete auf einem Team Board dargestellt und nicht etwa einfach abgenommen, wenn sie erledigt sind, sondern sie wandern sozusagen von Spalte zu Spalte, von links nach rechts. In vielen von uns begleiteten Projekten haben regelrechte Siegesfeiern mit Konfetti, Kuchen und Sekt stattgefunden, wenn der symbolische Moment erreicht wurde, in dem das Team gespannt vor der Pinnwand steht und die Aufgaben, die sie sich im Sprint gesetzt hatten, endlich in die Erledigt-Spalte verschoben wurden. Das hat agiles Arbeiten verstanden: Mitarbeiter sind dann zufrieden, wenn sie Grund zu feiern haben!

All das bisher Gesagte darüber, warum agiles Arbeiten Spaß macht, läuft auf einen zentralen Aspekt hinaus. Agile Teamarbeit führt mir als Teammitglied vor Augen, dass mein Tun etwas bewirkt. Vom Planungstreffen, in dem ich darüber mitentscheiden kann, wie viel wir uns als Team vornehmen, über die täglichen Morgenrunden in denen gemeinsam auf mögliche Unwägbarkeiten des Alltags reagiert wird, über regelmäßigen Austausch im Team und mit dem Scrum Master, der mich dabei unterstützt, dass ich meine Arbeit optimal erledigen kann, bis hin zu systematischen Auswertungs- und – ja, auch – Feierrunden über bisherige Erfolge, wird deutlich, dass mein Beitrag wichtig für den Gesamterfolg des Teams und der Organisation ist – an jedem Tag, in jedem Moment! Das ist aus unserer Sicht wirklich eine neue Qualität des Arbeitsprozesses, die sich durch Motivation und Freude sowie gestiegene Verantwortung beim Einzelnen zeigt.

2.
Die Essentials agiler Teamarbeit

»Je planmäßiger Menschen vorgehen, desto wirksamer trifft sie der Zufall.«

Friedrich Dürrenmatt, Schweizer Schriftsteller, Dramatiker und Maler (1921–1990)

Das hat er schön gesagt, der Friedrich Dürrenmatt. Allerdings lässt sich leider ohne Planung auch kein Team- oder Projekterfolg erzielen – wie aber mit eben allen diesen Zufällen und den dabei zu erwartenden Überraschungen umgehen?

Gerade bei der Organisation von Projekten – im Projektmanagement also – rücken zur Beantwortung dieser Frage agile Ansätze und Methoden mehr und mehr ins Blickfeld.

Agil bedeutet im Wortsinne erst mal nicht mehr als flink und beweglich. Damit ist die Fähigkeit gemeint, schnell und flexibel auf veränderte Rahmenbedingungen und Kundenanforderungen zu reagieren. Agiles Vorgehen schafft mit verbindlichen Standards für Prozessschritte und Regelkommunikation einen Rahmen, in dem genau das möglich wird.

Entstanden sind agile Methoden bereits vor über zwanzig Jahren als Alternative zum klassischen Projektmanagement bei der Entwicklung von Software. Dort wurde damals bereits zu Beginn eines Projekts die detaillierte Planung des gesamten Ablaufs festgeschrieben (Wasserfallprinzip). Jenseits aller inflationär verwendeten Modeworte lässt sich die häufig gestellte Frage, woran denn ein agiles Team nun wirklich zu erkennen ist, anhand weniger, eindeutiger Kriterien beantworten.

Die agilen Rahmenwerke (wie zum Beispiel Scrum oder Kanban) liefern Antworten auf die oben skizzierten Herausforderungen, die in den letzten Jahren entstanden sind. Insofern ist agil ein modernes, ein zeitgemäßes Herangehen – und damit viel mehr als nur ein Modewort.

Um dies zu veranschaulichen, werden folgend die den Arbeitsprozess durchdringenden Prinzipien des agilen Arbeitens dargestellt und welche Folgen dies für die Teamarbeit mit sich bringt. Ziel und Anspruch dieses Kapitels ist es, dass sie eine Vorstellung davon erhalten, wie grundlegend anders agiles Arbeiten im Vergleich zu business as usual ist.

Die Essentials agiler Teamarbeit

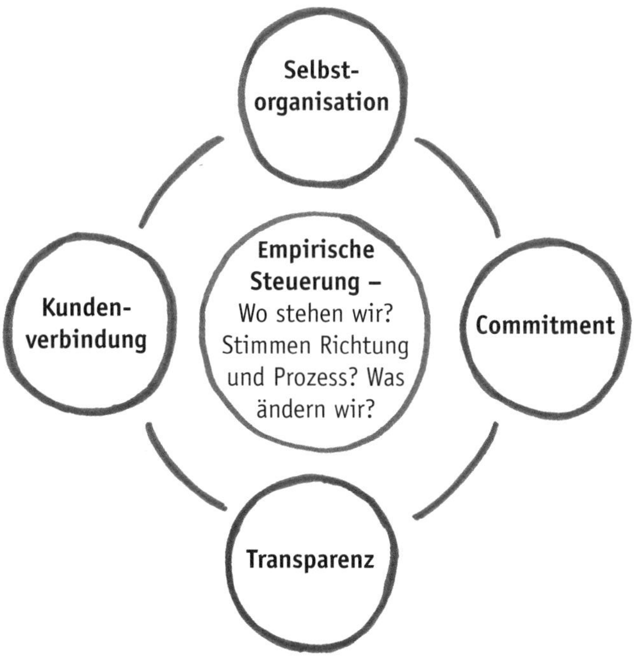

2.1 Empirische Steuerung

Warum also führt ein agiles Vorgehen so häufig zu schnelleren und besseren Ergebnissen? Bei aller Vielfalt und Unübersichtlichkeit der agilen Begriffe, Ansätze, Rahmenwerke und Praktiken – eine grundlegende Annahme und ein daraus folgendes Prinzip verbindet sie alle.

> Keine noch so sorgfältige Vorab-Definition des Arbeitsprozesses liefert eine hinreichende Gewissheit für die eine Durchführung nach Plan mit erfolgversprechenden Ergebnissen. Mit anderen Worten: die Zeiten der definierten Prozesse sind (fast überall) vorbei – mit Überraschungen ist stets zu rechnen. Was nun zählt ist die Fähigkeit, auf diese erwartbaren Überraschungen schnell und wirkungsvoll zu reagieren.

Als Prinzip ergibt sich aus dieser Annahme: Der Prozess muss und kann nur empirisch gesteuert werden, also anhand der unterwegs im Prozess gewonnenen Erfahrungen. Und zu dieser empirischen Steuerung eines Arbeitsprozesses sind genau drei Elemente vonnöten, nicht mehr und nicht weniger:

➊ Sichtbar machen ⇨ ➋ Überprüfen ⇨ ➌ Anpassen

Das klingt einfach – zumindest einfach zu erklären und nachzuvollziehen. Aber bei näherem Hinsehen zeigt sich, dass dieses Prinzip der empirischen Steuerung keineswegs so einfach umzusetzen ist, sich hingegen als ausgesprochen anspruchs- und voraussetzungsvoll erweist.

Praxis

Ein Beispiel mag dies gleich hier veranschaulichen: In ungezählten Fachgesprächen mit erfahrenen Projektmanagern wird von deren Seite immer wieder gerne ins Feld geführt, das klassische Projektmanagement mit all seinen Meilensteinen, Quality Gates und Reviews erfülle doch (bei gewissenhafter Anwendung) quasi beispielhaft die obigen Anforderungen an eine empirische Prozesssteuerung. Nun ja, der konzeptionelle Anspruch

Empirische Steuerung

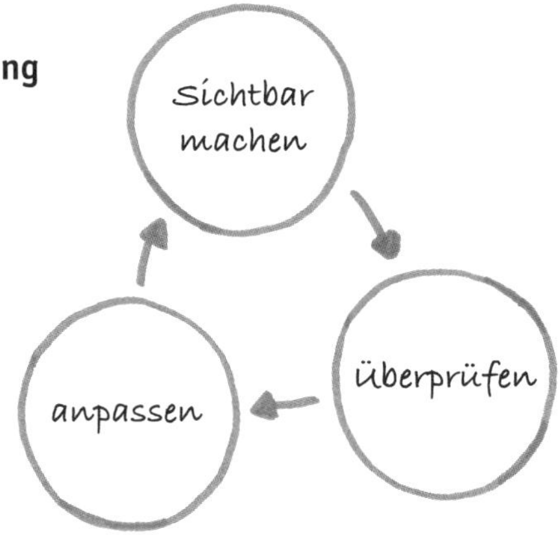

mag zwar bestehen, allerdings sind die tatsächlichen Möglichkeiten, um etwa unterwegs im klassisch organisierten Projekt neue Prioritäten zu setzen, um die Art und Weise der Zusammenarbeit anzupassen oder um gar neue Ideen oder Anforderungen des Kunden unverzüglich zu berücksichtigen, zumeist alles andere als günstig. Das gesteht dann selbst der gestandene Projektmanager unumwunden ein, denn nicht umsonst gilt hier das geflügelte Wort: Eine neue Idee mitten im Projekt wird meist nicht als Geschenk, sondern als Bedrohung empfunden. Und zwar als Bedrohung für das planmäßige Durchführen des definierten Projektablaufs, weil eben eine empirische Steuerung des Vorgehens nicht wirklich vorgesehen ist.

Das Prinzip der empirischen Prozesssteuerung verlangt demgegenüber eine häufige Überprüfung und Anpassung – und um das tun zu können, müssen Ergebnisse und Prozessverlauf zuvor für alle Beteiligten sichtbar gemacht werden – also die besagte Transparenz als Voraussetzung hergestellt sein.

Bevor wir auf die fünf Kernprinzipien der agilen Teamarbeit näher eingehen, lassen Sie uns zuvor die unabdingbaren Elemente einer empirischen Prozesssteuerung aus der Nähe betrachten.

1. Sichtbar machen

Was verbirgt sich denn hinter dem Transparenzgebot, wenn es die Voraussetzung schaffen soll für eine anschließende Überprüfung, die Sinn macht? Als hilfreich erweisen sich hier zwei Fragen: Was muss sichtbar gemacht werden? Und für wen muss es sichtbar sein? Beide Fragen lassen sich recht einfach beantworten, wenn wir einen Blick auf den nachfolgenden Schritt der Überprüfung werfen: Es geht grundsätzlich und immer wieder um zwei Ebenen der Überprüfung. Zum einen um die inhaltlich-fachliche Ebene, also um die Frage, ob die (Zwischen-)Ergebnisse, die Richtung der bisherigen Arbeit mit den Anforderungen und den gesetzten Prioritäten übereinstimmt. Zum anderen geht es um die Ebene des Ablaufs der Arbeit, um die prozessuale Ebene, also um die Frage, ob die Zusammenarbeit der Beteiligten im Team und darüber hinaus so läuft, wie es für eine geschmeidige, motivierende Hand-in-Hand-Arbeit ohne Reibungsverluste oder Doppelarbeit erforderlich ist. Um beides überprüfen zu können, muss also zweierlei Transparenz hergestellt werden: sowohl hinsichtlich des aktuellen Arbeitsstandes (Woran arbeitet wer gerade? Welche Zwischen- oder Teilergebnisse liegen vor? Wie sehen die nächsten Schritte aus?) als auch hinsichtlich des Ablaufs, der Arbeitsweise im Team und darüber hinaus (Wie arbeiten wir zusammen? Welche Konflikte treten auf? Was läuft gut und worüber ärgern wir uns?).

Soviel an dieser Stelle zum Was der Transparenz – aber wie steht es mit der zweiten Frage: Für wen muss oder sollte all dies – der Arbeitsstand und die Qualität des Miteinanders – sicht- und nachvollziehbar sein? Alles für jeden am schwarzen Brett oder zeitgemäßer im Intranet einzusehen? Auch hier hilft wieder ein Blick auf die anschließende Überprüfung: Wer soll und wird denn das Sichtbare überprüfen und anpassen? Denn schließlich benötigt eben dieser die Transparenz, um überprüfen zu können.

An dieser Stelle kommt allerdings eine prinzipielle Weichenstellung ins Spiel, die sich noch als bedeutsam für alle weiteren Aussagen zum agilen Arbeiten erweisen wird: Geht agil eigentlich nur im Team – oder kann ich auch als Einzelner meine täglichen individuellen Aufgaben auf agile Art und Weise verrichten?

Ohne Frage lassen sich einige Grundgedanken der agilen Vorgehensweise auch auf die Einzelarbeit eines Individuums anwenden: So kann ich natürlich in regelmäßigen Abständen in den Spiegel schauen, meinen Arbeitsstand überprüfen und versuchen, Abweichungen vom meinem eigenen Arbeits- und Zeitplan zu entdecken. Allerdings wird es schon beim Feedback an mich selbst richtig schwierig ... und erst die Selbstorganisation mit gegenseitiger Unterstützung kann als Einzelperson nicht wirklich gelingen.

Deshalb kann das agile Arbeiten seine Potenziale erst im Team wirklich entfalten – und eben aus diesem Grund sprechen wir in diesem Buch ausschließlich von agiler Teamarbeit. Bei der Frage nach »Transparenz für wen?« spielt das agile Team eine zentrale Rolle, soviel sei vorweg genommen. Sichtbarkeit wird nämlich zuallererst innerhalb des agilen Teams benötigt: Jedes Mitglied des Teams ist zu jeder Zeit im Bilde, woran die anderen im Team gerade arbeiten. Damit ist aber nur die erste Ebene der Transparenz benannt: Auch für den Auftraggeber eines Teams muss stets nachvollziehbar sein, mit welchen Prioritäten und an welchen fokussierten Aufgaben das Team derzeit arbeitet – ebenso benötigt das Team eine Transparenz hinsichtlich der aktuellen Anforderungen vonseiten des Kunden.

Auf die handwerklich-technischen Aspekte des Sichtbarmachens – auch als Visualisierung bezeichnet – gehen wir später ausführlich ein (siehe Kapitel 4.3).

2. Überprüfen

Was macht das Überprüfen als Kernschritt der empirischen Steuerung aus? Niemand wird ernsthaft bestreiten, dass Arbeitsergebnisse gelegentlich überprüft werden sollten und dass ebenso die Überprüfung der Arbeitsprozesse, der Qualität der Zusammenarbeit zum guten Ton einer modernen Arbeits- und Projektorganisation gehört. Was also soll dann neu und anders werden, wenn agil gearbeitet, wenn empirisch gesteuert wird? Neu und anders sind die Rollen und der Rhythmus beim Überprüfen – und ebenfalls die damit untrennbar verbundene Kompetenz, aus dem Ergebnis der Überprüfung die angemessenen Konsequenzen zu ziehen, also Maßnahmen zur Kurskorrektur beziehungsweise zur Prozessverbesserung einzuleiten. Ein Beispiel mag den Unterschied verdeutlichen:

Beispiel:

Im klassischen Projektmanagement werden bekanntlich regelmäßig Reports erstellt, die – zumindest dem Anspruch nach – Abweichungen zwischen Soll- und Ist-Ergebnissen dokumentieren sollen. Diese Reports werden zumeist vom Projektleiter erstellt und an das Management übermittelt, bisweilen auch zunächst einem Project Management Office (PMO) zur Verfügung gestellt, das wiederum daraus die erforderlichen Management Reports aufbereitet. Ein bisweilen überaus elaboriertes Berichtswesen also, das aber leider nur auf den ersten Blick einer empirischen Überprüfung entspricht.

Und wie sieht dem gegenüber das agile Vorgehen aus? Das Team selbst

- überprüft in kurzen, regelmäßigen Abständen seinen Arbeitsstand,
- holt sich zeitnahe Rückmeldungen vom Kunden oder Auftraggeber, ob die Richtung stimmt,
- wertet gemeinsam die Qualität der Zusammenarbeit aus und identifiziert konkreten Verbesserungsbedarf.

Diese Überprüfungen erfolgen zeitnah, am Ort des Geschehens und durch diejenigen, die anschließend auf Grundlage der gewonnenen Erfahrungen, der Empirie also, über die geeigneten Maßnahmen zur Anpassung entscheiden und dafür auch die Verantwortung übernehmen. Und wer ist das ganz konkret im praktischen agilen Alltag? Eben nicht der Projektleiter oder das PMO oder gar das Management, sondern zum einen das agile Team, das sich selbst organisiert und daher auch eigenverantwortlich für die operative Steuerung des Tagesgeschäfts sorgt – zum anderen ist es auch der Auftraggeber, Kunde oder Product Owner, der für die Anpassung von Prioritäten und Anforderungen verantwortlich ist und damit den Kurs vorgibt beziehungsweise anpasst, auf dem das Team mit seinem Boot segelt und an dessen Vorgaben sich das agile Team in seiner Selbstorganisation orientiert.

3. Anpassen

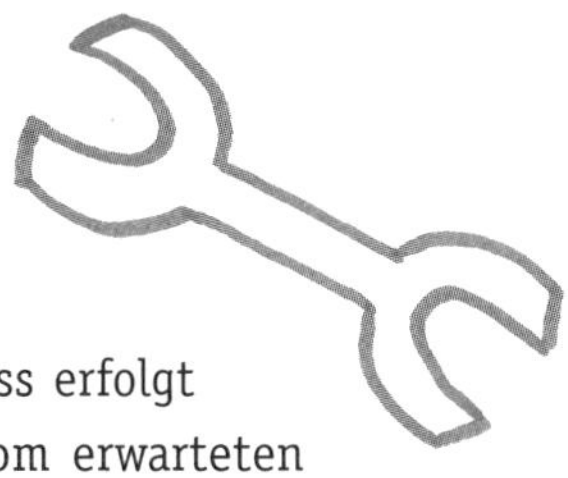

Mit der an diesem Beispiel aus dem Projektmanagement beschriebenen Charakteristik des empirischen Überprüfens wird nunmehr auch erkennbar, was agile Anpassung im dritten Schritt der empirischen Steuerung kennzeichnet: Die Anpassung von Arbeitsrichtung und -anforderungen, von Prioritäten der Bearbeitung, der Kommunikation und Kooperation im Arbeitsprozess erfolgt so schnell wie möglich, um weitere Abweichungen vom erwarteten Soll zu minimieren. Und genau hier liegt wieder der fundamentale Unterschied zu allseits bekannten und vielfach etablierten Logiken der Anpassung und Verbesserung. Um beim obigen Beispiel aus dem Projektmanagement zu bleiben: Falls anhand eines klassischen Projekt-Reports im PMO oder anhand der aufbereiteten Fassung im Management tatsächlich eine Abweichung vom Soll oder den aktuellen Anforderungen (sind diese dort überhaupt bekannt?) festgestellt werden sollte, dann ist der typische Zeitbedarf für eine Entscheidung über einzuleitende Maßnahmen und deren Übermittlung an die ausführende Ebene, also den Projektleiter und sein Team vor Ort, mit Sicherheit zu hoch. Das Reagieren ist viel zu schwerfällig – mit anderen Worten: Das Gegensteuern auf diese Art und Weise gliche dem Versuch, mit einem Supertanker dem kurzfristig vor dem Bug auftauchenden Eisberg auszuweichen. Das kann eigentlich nur schiefgehen, denn bis die Anpassungsmaßnahmen tatsächlich greifen, sind vermutlich bereits neue Anforderungsänderungen oder Prozessereignisse aufgetreten, auf die es allerdings jetzt sofort und nicht erst nach Durchlaufen eines vielstufigen Dienstweges zu reagieren gilt.

» Schnelles, sofortiges und situationsgerechtes Anpassen geht nur vor Ort, mit kurzen Wegen und einer umfassenden Ermächtigung zur Selbstorganisation des Teams sowie einer klaren Rollenverteilung zwischen dem agilen Team einerseits und dem fokussiert handelnden Auftraggeber andererseits, der zeitnah und auf nachvollziehbare Weise die Prioritäten für das Team anpasst.

Wann macht empirische Steuerung überhaupt Sinn?

Bereits an dieser Stelle lässt sich also festhalten, dass ein agiles Vorgehen auf der Grundlage von empirischer Steuerung offenbar besonders dann, aber auch nur dann erfolgversprechend ist, wenn sich der Verlauf des besagten Arbeitsprozesses nur unvollständig vorherbestimmen lässt, wenn mithin auch die Ergebnisse, der Output, nur eingeschränkt vorhersehbar und reproduzierbar sein werden. Im Umkehrschluss gilt demzufolge: Dort, wo der Verlauf eines Wertschöpfungs- oder Dienstleistungsprozesses weitgehend oder vollständig vorherbestimmt werden kann, also mit neuen Anforderungen des Kunden, sich ändernden Rahmenbedingungen am Markt oder gar unerwarteten Hindernissen im Arbeitsprozess gar nicht zu rechnen ist, wird ein agiles Vorgehen wenig Vorteile bringen.

2.2 Transparenz

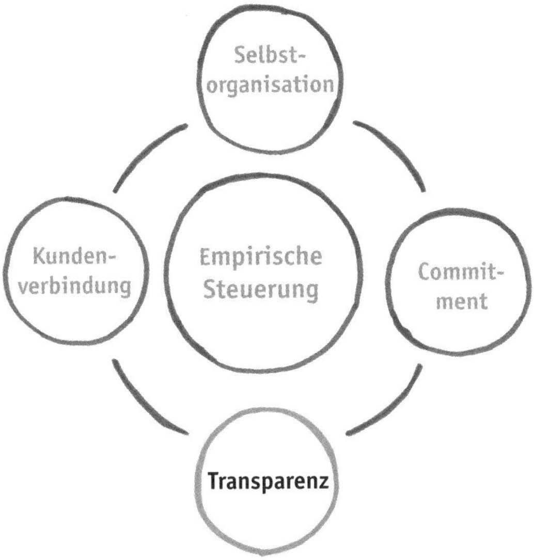

Agiles Arbeiten heißt umfassende Transparenz zu schaffen. Ein wesentlicher Aspekt dieser Transparenz wurde oben bereits als Sichtbarmachen beschrieben: als erster, unabdingbarer Schritt zur empirischen Steuerung, dem Kernprinzip jedes agilen Arbeitens. Umfassende Transparenz geht in der Arbeit eines agilen Teams allerdings weit über das bloße Sichtbarmachen von Arbeitsergebnissen hinaus. Sie wird möglich durch:

- Transparenz über Aufgabenpakete,
- eine Betrachtung über verschiedene zeitliche Horizonte und
- klare Kommunikations- und Entscheidungsstrukturen

Sehen wir zuerst die Transparenz der Aufgabenpakete näher an. Wenn wir in Unternehmen kommen und teilweise stolz von agiler Teamarbeit berichtet wird, so stellen wir vielfach mit Erstaunen fest, dass uns auf die einfache Frage »Woran arbeiten die anderen Teammitglieder denn gerade?«

Praxis

keine Antwort gegeben werden kann. Das ist ein deutlicher Hinweis darauf, dass am Kern von Agilität vorbeigearbeitet wird. Zu wissen womit die Kollegen, mit denen ich gemeinsam auf ein erklärtes Ziel hinarbeite, gerade beschäftigt sind, ist der sichtbarste Indikator für Transparenz und überhaupt erst die Voraussetzung für effektive Arbeit im Team. Sie ermöglicht die Priorisierung von Aufgaben indem meine persönlichen Aufgaben mit den Aufgaben des Teams und der Gesamtorganisation abgeglichen werden können und auf dieser Basis eine treffsichere Arbeitsplanung erfolgt.

Um umfassende Transparenz zu erreichen wurde bei agilen Arbeitsformen ein zentrales Instrument entwickelt, das sozusagen als Navigationshilfe stets zur Verfügung steht, um durch die teilweise stürmische See im agilen Projekt sicher hindurchzumanövrieren. Das Backlog listet die gewünschten Eigenschaften des zu entwickelnden Produkts auf. Dieses wird zu Beginn eines agilen Projektes erarbeitet, ist aber im Unterschied zu einem starren Anforderungskatalog ein flexibles, ja lebendes Dokument. Es ist jederzeit erweiterbar, etwa um wechselnde Windrichtungen (beziehungsweise Kundenanforderungen) aufzunehmen oder aber auch zündende Ideen, die, nachdem das Projekt Schwung aufgenommen hat, erst entstanden sind, noch zu berücksichtigen. Das Backlog ist demgemäß offen für Input von allen am agilen Arbeiten Beteiligten.

So einfach die Idee klingen mag, so revolutionär ist sie. Denn durch dieses Dokument entsteht bei allen Beteiligten ein gemeinsames Bild vom großen Ganzen. Mit Hilfe des Backlogs entwickeln alle Wissen darüber, welche Aufgaben ich persönlich, mein Team und die anderen Teams zu leisten haben. Es wird klar, was mein Beitrag ist, den ich dem Gesamtergebnis hinzufügen kann. Und dies, so die Resonanz vieler Teammitglieder, ist eine wesentliche Quelle für Sinnerleben und Spaß an der Arbeit.

Klare Kommunikations- und Entscheidungsstrukturen

Aus falsch verstandener Sorgfalt oder wegen einer langfristig eingeübten Vogel-Strauß-Politik vermeiden Unternehmen und Führungskräfte oftmals vollkommene Transparenz über die anstehenden Aufgabenpakete herzustellen.

»Wir arbeiten zunächst das ab, was gerade brennt und dann folgt das, was sonst noch dringend ist.«

Zitat

Dieses Zitat eines Schichtführers in einem Produktionsbetrieb bringt die vielfach gelebte Praxis der Aufgabenverteilung und Priorisierung gut auf den Punkt. Diese Art von Aufgabentransparenz hat zur Folge, dass die Frage im Team diskutiert werden muss, welche Aufgaben für die Erreichung des gemeinsamen Ziels, die höchste Priorität besitzt. Das agile Team steht immer wieder aufs Neue vor der Anforderung darüber zu entscheiden was in der momentanen Phase des Arbeitsprozesses oder Projektes die höchste Bedeutsamkeit hat und was eben im Umkehrschluss zurückgestellt wird beziehungsweise nicht erledigt werden kann. Agiles Arbeiten setzt auf klare Kommunikations- und Entscheidungsstrukturen, anstelle der in vielen Unternehmen eingeübten Routine, einfach darauf los zu arbeiten, auch wenn klar ist, dass sowieso nicht alles zu schaffen ist. An den Beginn des Arbeitsprozesses wird bei agiler Teamarbeit eine – zugegebenermaßen oftmals – mühsame, nervenaufreibende und vor allem ehrliche Diskussion über Prioritäten gesetzt, um dafür am Ende einer Deadline nicht vor der Situation zu stehen, eingestehen zu müssen, dass ein großer Teil der Aufgaben nicht erledigt werden konnte. Denn das hat nicht nur die negative Konsequenz, dass eine stabile Planung verhindert wird, nein, dadurch wird auch die Möglichkeit vertan, die Arbeit effektiv zu steuern. Schlussendlich wird durch das Vermeiden einer klaren Priorisierung das Ergebnis des Arbeitsprozesses ein Stück weit beliebig, »es kommt eben das raus was eben ging« (Zitat eines Teammitglieds). Agiles Arbeiten heißt, sich bereits im Vorfeld genau darüber den Kopf zu zerbrechen, was gehen könnte und eine sorgfältig ausdiskutierte Entscheidung auf Basis vollkommener Aufgabentransparenz zu treffen. Die Mitarbeiter erhalten Orientierung und die Möglichkeiten eines klaren und aufrechten Commitments zu den gemeinsamen Zielen.

Diese Konflikte nicht als politisches Spiel auszutragen, sondern in klaren Entscheidungen unter Mitsprache der Kunden, Mitarbeiter und benachbarten Bereiche als Entscheidungsprozess zu strukturieren ist ein wesentlicher Teil von Agilität. Und das ist nicht unbedingt neu, sondern sollte eigentlich Stand der Kunst sein.

Tipp

Auf einen Aspekt sei hier noch explizit hingewiesen: Transparenz bedeutet nicht nur, ich weiß, was getan werden muss, sondern ich weiß auch was nicht getan wird, warum das so ist und wie es zu dieser Entscheidung kam. Und sogar noch, was ich tun muss, wenn ich diese Entscheidung verbessern will (wo ich in diesen Prozess ganz konkret eingreifen kann).

Betrachtung über verschiedene zeitliche Horizonte

Immer wieder stellt sich bei vielen Akteuren bei der Einführung agilen Arbeitens eine Sorgenfalte im Gesicht ein, die in etwa folgendes zum Ausdruck bringt: »Jetzt sehe ich erst den riesen Berg an Aufgaben, der auf uns zu kommt. Und dann können auch noch ständig neue zündende Ideen hinzukommen!?« Auf diese Sorge hat agiles Arbeiten eine gleichermaßen simple wie einleuchtende Antwort gefunden, nämlich den Aufgabenkuchen in kleine Scheiben zu schneiden.

Ich betrachte mit dem Backlog das Große und Ganze. Und zwar in Übereinstimmung mit den Zielen und der Strategie des Unternehmens. Den unmittelbar operativen Horizont betrachte ich aber anders. Und damit sind wir bei einem weiteren wesentlichen Kern von agilem Arbeiten: Die Arbeit wird in kurzen Zyklen oder Iterationen strukturiert. Diese werden für circa zwei bis vier Wochen festgesetzt und stellen ein stabiles Gerüst für die Arbeit dar. Damit das Prinzip des iterativen Arbeitens in Teams Anwendung finden kann, werden die beschriebenen transparenten Prozesse für die Priorisierung und Auswahl der zu erledigenden Aufgaben angewendet. Hierfür gibt es im agilen Arbeiten definierte Rollen und Prozesse.

Agiles Arbeiten in Iterationen bedeutet, auf der Grundlage eines übergeordneten Planes für die nächsten beiden Iterationen im Detail folgende Fragen gemeinsam zu beantworten:

- Was ist zu tun? (Klärung der gemeinsamen Aufgabe)
- Welches Ergebnis erwarten wir? (Messbare Ziele festlegen)
- Wer kann es tun? (Arbeitsverteilung im Team)
- Welche Ressourcen brauchen wir dafür? (Abschätzung der benötigten Kapazitäten)

Dabei ist neben der konsequenten Ausrichtung auf den großen Plan vor allem die konkrete Situation des Teams entscheidend, zum Beispiel die Verfügbarkeit der Teammitglieder, Verpflichtungen und Anforderungen aus der Organisation für einzelne und das gesamte Team, Erfahrungswerte aus vorhergehenden Iterationen. Das agile Team erhält direkte Rückmeldung zur Ergebnisqualität und kann sich gegenseitig schnell und direkt Feedback zur Zusammenarbeit geben. Es wird deutlich, dass Transparenz wiederum die Voraussetzung schafft, um die konkrete Situation des Teams einschätzen zu können und (tagesaktuell) darauf reagieren zu können.

» In diesen kurzen iterativen Schleifen entfaltet agiles Arbeiten seine Kraft. Es entsteht eine große Reaktionsgeschwindigkeit, schnelle Abstimmungen sind möglich und es entwickelt sich im Team ein gemeinsames Mindset über die zu leistende Arbeit, Arbeitsweise und Prozesse.

Dadurch entsteht Transparenz in einem wirklich umfassenden Sinne: Transparenz über die Gesamtaufgabe, über die Aufgabe in der nächsten Iteration (im Scrum-Prozess heißen diese Iterationen zum Beispiel Sprints) für das Team und den einzelnen, Transparenz über Ergebnisse und Arbeitsprozesse. Angestrebt wird ein guter Kompromiss aus einer Stabilität der Anforderungen (nicht jeden Tag ist etwas anders wichtig und ich weiß morgens nicht welcher hochdringlichen Aufgabe ich mich nach dem Mittag widmen muss) und einer genügend großen Flexibilität gegenüber veränderten Anforderungen (wir stellen also keine Fünfjahrespläne auf und was da nicht drin ist, kann nicht gemacht werden).

Und wozu das Ganze? Natürlich ist Transparenz kein Selbstzweck, sondern ganz im Gegenteil stellt diese die zentrale Stärke der Agilität dar, sie ist sozusagen das Schmiermittel, das das Getriebe in Schuss hält. Sie befähigt agile Teams selbstverantwortlich zu agieren und sich auf unterschiedliche Windrichtungen schnell einzustellen. Umfassende Transparenz schafft die Voraussetzung zur effektiven Arbeit im Team, denn dadurch wird jedes einzelne Teammitglied in die Lage versetzt, seine eigenen Arbeitspakete und ihre Bedeutsamkeit in Bezug auf das Gesamtergebnis zu gewichten und mit den Arbeitspakten der Kollegen abzugleichen. Transparenz wird so zum entscheidenden Werkzeug für zielgerichtetes Arbeiten im Team.

Praxis

Ein Beispiel aus der Einführung von Scrum, einer agilen Methode, in einer Entwicklungsabteilung, macht die Vorteile der Transparenz klar. Für das Team liegt der Vorteil darin, dass sich die Mitglieder sicher sein können, an den jeweils wichtigsten und dringlichsten Aufgaben zu arbeiten. Gerade in Situationen, in denen mehrere Bereiche um Kapazitäten konkurrieren, können so die Teams selbst entscheiden und Verantwortung übernehmen. Außerdem senkt die regelmäßige Planung die geistigen Rüstzeiten und verhindert Unterbrechungen. Damit sind eine deutliche Steigerung der Produktivität und eine Senkung der persönlich empfundenen Beanspruchung verbunden, sowie eine geteilte Verantwortlichkeit durch die Arbeitsteilung im Team. In allen beteiligten Teams und Gruppen wurde genau dies von den Mitarbeitern als motivierend und positiv empfunden. Eine anfangs von manchen Vorgesetzten befürchtete Abwehrhaltung der Mitarbeiter gegen die Einführung von Scrum, weil mit zunehmender Transparenz möglicherweise auch ihre Arbeit zu sehr kontrollierbar werden könnte, war hingegen kaum zu erkennen.

2.3 Selbstorganisation

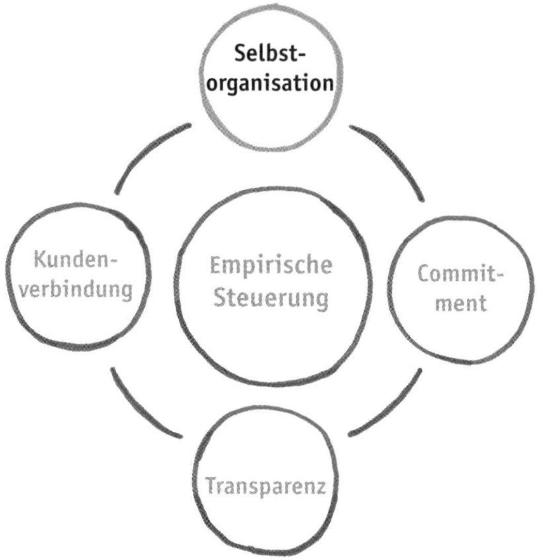

»Ein wirklich handlungsfähiges Team braucht die Freiheit, sich selbst zu organisieren.«

Man könnte vermuten, dieses Zitat stamme von einem seit langer Zeit von den Fesseln des klassischen Projektmanagements geknebelten Mitarbeiters, der nun im agilen Team die Chance wittert, endlich mal frei Schnauze arbeiten zu können. Weit gefehlt, es stammt im Originalton von einer für ein agiles Team zuständigen Führungskraft. Und ein weiterer bemerkenswerter Ausspruch dieses Chefs ist uns in guter Erinnerung geblieben: »Jede Führungsintervention wird daran gemessen ob sie das Team handlungsfähiger macht oder nicht!«

Wir können die Sichtweise dieser, nennen wir sie ruhig agilen Führungskraft voll und ganz nachvollziehen. Aber wie kommen wir dazu?

Agile Teams gewinnen ihre Stärke und Schlagkraft daraus, dass sie sich aus verantwortungsbewussten, mitdenkenden Teammitgliedern zusammensetzen. Jedes einzelne Teammitglied committet sich zu den Zielen des Teams und übernimmt Verantwortung für das, was er (an diesem Tage/in diesem Sprint/im Projekt) erreichen möchte (zur Rolle des Commitments als agiler Kernbaustein siehe Kapitel 2.5). Damit die Teammitglieder ihrer Verantwortung optimal nachkommen können, brauchen sie allerdings die Freiheit ihre Arbeit selbst zu gestalten: das Team schätzt ein, welche Ressourcen es zur Verfügung hat um das Priorisierte abzuarbeiten, erkennt auftauchende Schwierigkeiten und reagiert auf diese eigenständig, bei Bedarf mit Unterstützung durch den agilen Coach oder Scrum Master. So gewinnt ein agiles Team erst seine schnelle Fähigkeit zum schnellen Reagieren.

Und aus diesem Verständnis heraus gründet sich auch die Sichtweise unserer oben zitierten Führungskraft, denn er hat festgestellt, dass seine Aufgabe als agile Führungskraft eben darin besteht, das Team zur Selbststeuerung zu befähigen. Das heißt, sich stets die Frage zu stellen: Was würde meinem Team helfen, sich besser zu organisieren, über eigenes Vorgehen zu reflektieren und dieses weiterzuentwickeln.

Sie ahnen es womöglich: Das bedeutet einen wahren Mindshift im Führungsverständnis und der Interpretation der eigenen Führungsrolle. Das Bild der Führungskraft als Kontrolleur, das noch aus vergangenen Zeiten herrührt, scheint zwar längst abgeschrieben (zumindest in der Theorie). In der Beratungspraxis stellen wir dann doch immer wieder fest, dass diese starr-hierarchische Vorstellung von Führung noch an vielen Stellen gelebt wird.

Ein anderes, etwas moderner anmutendes Bild von Führung, versteht diese eher als ein Switchen zwischen der Rolle des Steuermannes und gelegentlich – nämlich dann wenn es brennt – auch des Trommlers als Taktgeber. Nach diesem Verständnis legt die Führungskraft den Kurs fest und gibt den Takt vor an dem sich die Mannschaft orientiert. Auch dieses vermeintlich modernere Bild passt allerdings nicht mehr wirklich für die stürmische See in agilen Zeiten. Denn der Wind dreht schnell und unerwartete Hindernisse müssen in schnelleren oder langsameren Takten umschifft werden. Hier ist schnelles, eigenverantwortliches Handeln gefragt und jeder einzelne spitzt sein Sensorium für mögliche Hindernisse des Teams oder auch für die Ausführung der eigenen Aufgabe. Hier beginnt das Bild des Bootes zu schwanken. Denn die agile Arbeitswelt ist mittlerweile viel komplexer als nur das Steuern eines Bootes durchs Meer. Es ist ein hochkomplexer Prozess, der zugleich ein hohes Maß an Sensibilität und Kreativität erfordert.

Vielleicht passt das Bild eines Orchesters besser: Jeder Musiker bringt seine – über viele Jahre geschulten – Fähigkeiten mit ein und beherzigt die musikalischen Vorgaben des Stücks (Noten und Rhythmus). Doch damit eine wirklich meisterhafte Aufführung gelingt, braucht es noch mehr: den Dirigenten. Er sorgt dafür, dass aus den Klängen der einzelnen Instrumente ein harmonisches Ganzes wird. Er koordiniert (mit der Visualisierungshilfe Taktstock) die Musiker am Beginn und Ende des Stücks, unterstützt diese, den Takt zu halten und gibt Orientierung wie das Stück künstlerisch zu interpretieren ist. Damit die einzelnen Musiker ihre Virtuosität entfalten können, braucht es einen Dirigenten, der diesen den Rahmen vorgibt, innerhalb dessen sich die kreativen Prozesse entfalten können. Dieses Bild von Führung passt in Grenzen auch für agile Teams.

» Schlussendlich ist die agile Führungsrolle paradox: durch das Setzen von Grenzen (den sogenannten Leitplanken) schafft sie einen Rahmen, in dem die Selbstorganisation überhaupt erst möglich wird. Führung ist somit keine Einschränkung von Selbstorganisation, sondern deren unabdingbare Voraussetzung.

Die Kunst besteht darin den Rahmen so zu setzen, dass er ausreichend Orientierung liefert (zum Beispiel darüber, was bis wann erledigt werden muss), aber zugleich ausreichend Freiraum gewährt, damit das Team sein kreatives Potenzial durch Selbstorganisation gut nutzen kann.

Wie aber und wann überhaupt funktioniert diese viel beschworene Selbstorganisation eigentlich? Und ist mit dem durch kluge Chefs geschaffenen Freiraum als Rahmen bereits das Notwendige getan, und alles Weitere ergibt sich dann von selbst? In der Theorie vielleicht – das wirkliche Leben in vielen Unternehmen zeichnet leider ein anderes Bild: Hohe Erwartungen an die positive Leistungsdynamik im selbstorganisierten Team werden immer wieder ganz bitter enttäuscht. Das ist aber eigentlich kein Wunder: Was würden Sie denn erwarten, wenn man einem Team zwar das Ziel vorgibt, im Übrigen aber völlig offen lässt, wie das Team arbeiten soll. Wie zu erwarten, endet ein solches Experiment meist in Demotivation, nervigen Reibereien und stetiger Verlangsamung.

Die Ursachen einer so falsch verstandenen, sich selbst überlassenen Selbstorganisation können dabei durchaus vielfältig sein. So führt die Angst vor Überforderung bei Mitarbeitern häufig zu Unsicherheit und schließlich zur Blockade. Andere wiederum nutzen die Einladung zum Trittbrettfahren oder zu ausgeprägter Freizeitorientierung – das sprichwörtliche »Toll Ein Anderer Macht's« im Team wirkt also in Form von unerwünschter Vorteilsnahme.

In einem Team ohne klare Rollen und Prozesse treten zudem typischerweise mehr Konflikte auf als zuvor: Regeln zur Verteilung und Kompetenz im Team werden nicht vorgegeben, sondern müssen erst ausgehandelt werden – die Selbstorganisation scheint zumindest nicht reibungslos oder auf Anhieb zu funktionieren. Ganz bitter wird es allerdings, wenn auch im Konfliktfall keine Wege und Adressaten zur Eskalation verfügbar sind: Dann dreht sich das Team im Kreis und beschäftigt sich selbst, statt Nutzen für den Kunden zu stiften. Allerdings braucht jedes selbstorganisierte Team auch Zeit zur Suche nach Lösungen und zur gemeinsamen Entscheidungsfindung. Dies wird von außen nicht selten als Schattenseite der Selbstorganisation empfunden, als Kostentreiber durch Zeitaufwand, währenddessen zumindest auf den ersten Blick nicht gearbeitet wird.

Angesichts all dieser Nachteile und unerwünschten Nebenwirkungen einer »sich selbst überlassenen Selbstorganisation« bleibt festzuhalten: Das eine Patentrezept für gelingende Selbstorganisation gibt es nicht, auch keine Erfolgsgarantie nach intensivem Studium von hochgelobter Ratgeberliteratur oder dem Einsatz hoch bezahlter Berater. Was es aber sehr wohl gibt, sind anerkannte Erfolgsfaktoren, die das Gelingen von Selbstorganisation in einem agilen Team signifikant wahrscheinlicher machen. Und die wollen wir Ihnen nicht vorenthalten.

Als Schlüsselfrage für die gelingende Selbstorganisation erweist sich immer wieder das Umfeld des agilen Teams. Anders ausgedrückt: Viele Hindernisse, die das agile Arbeiten im Team bremsen oder gar blockieren, finden sich in der Organisation, die das Team umgibt – das lässt sich immer wieder gut an den Block Lists oder Impediment Backlogs nachvollziehen, die von agilen Coaches geführt werden. Also: Was lässt das Umfeld zu, was fördert es und wofür erfährt das Team Anerkennung und Respekt – oder wo spürt es eben Gegenwind im Umfeld als Reaktion auf die Selbstorganisation des Teams, auf eigenständiges Handeln jenseits der ausgetretenen Pfade und all der beschriebenen Standards.

Schließlich agiert kein agiles Team im luftleeren Raum – und Selbstorganisation gelingt auch nicht auf der grünen Wiese. Deshalb kommt dem Umfeld eine weitere Schlüsselrolle für jedes selbstorganisierte Team zu: Neben dem besagten Verhalten und den Reaktionen sorgt ein gutes Umfeld nämlich für stabile Verbindungen, neudeutsch Links, zu den anderen Einheiten im Unternehmen. Bei der Schaffung von selbstorganisierenden Einheiten legt man häufig großen Wert darauf, traditionelle Verbindungen einzuschränken oder gar zu kappen – getrieben von der Sorge, das agile Team könnte sonst seine Eigenständigkeit nicht entwickeln. Das ist zwar verständlich, führt aber immer wieder zur Abkapselung von agilen Teams, die sich dann wie im Labor der Selbstorganisation, quasi in Quarantäne fühlen. Am Puls der Zeit zu bleiben, voll integriert zu bleiben in das aktuelle Geschehen am Markt und mit den Kunden und dies auch zu spüren, zu erleben: Das ist und bleibt essenziell für jedes erfolgreiche agile Team und seine Selbstorganisation.

» Halten wir fest: Ohne lebendige Verbindungen und spürbare Integration in das Umfeld der Organisation bleibt Selbstorganisation im Team ein lokales Experiment ohne dauerhafte Erfolgsaussichten.

Neben dem Umfeld gehören letztlich das gemeinsame Leistungsziel, aber ebenso ein verbindendes Interesse an guten Arbeitsergebnissen und kontinuierlicher Verbesserung zu den Erfolgsfaktoren für die gelingende Selbstorganisation – nähere Einzelheiten hierzu finden sich im Kapitel 2.5 über die Entstehung von Commitment als Essential der agilen Teamarbeit.

2.4 Kundenverbindung

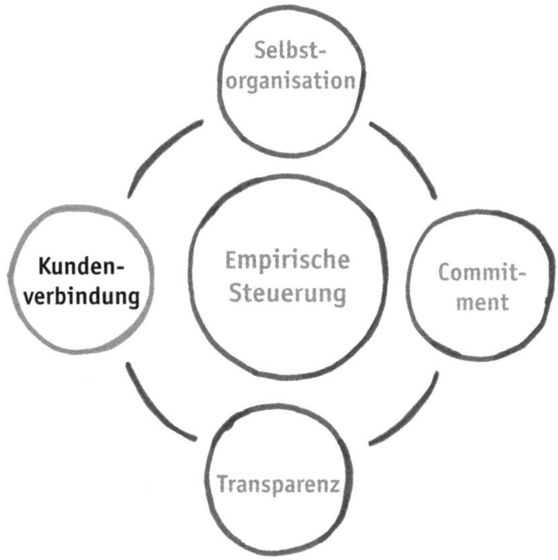

In der Diskussion mit Kollegen und Experten aus Wissenschaft wie betrieblicher Praxis taucht interessanterweise gleich von zwei Seiten immer wieder die kritische Frage auf, warum wir denn nicht müde werden, die Verbindung zum Kunden stets dann zu betonen, wenn es um die Beschreibung von Besonderheiten und Erfolgsfaktoren des agilen Arbeitens geht. Schließlich, so sagen die einen, sei doch heutzutage eine ausgeprägte Kundenorientierung quasi selbstverständlich und überall gefordert, ein Gemeinplatz also und damit keineswegs eine agile Besonderheit. Gleichzeitig schütteln die anderen den Kopf und legen uns wortreich dar, der Kunde sei in ihrem Geschäft, von ihren Prozessen viel zu weit entfernt, um mit ihm ständig in Verbindung stehen zu können. Deshalb sei es schlichtweg abwegig, die Kundenverbindung zu einem Grundprinzip des agilen Arbeitens zu erklären. Was meinen Sie? Wer hat recht von den beiden – keiner oder gar beide?

Agile Kundenverbindung ist mehr und anders als die – leider vielfach zum Gemeinplatz verkommene – Kundenorientierung. In der Kundenverbindung steckt das Wort Bindung. Kunde und agiles Team fühlen sich miteinander verbunden, sie arbeiten gemeinsam daran, das bestmögliche Ergebnis zu erzielen.

Was wir meinen, wenn wir von agiler Kundenverbindung sprechen, ist ein durchgängiges Prinzip, das dem agilen Arbeitsprozess zugrunde liegt und mehr als ein bloßes Modewort ist. Kundenverbindung lässt sich als einen kommunikativen Prozess beschreiben, nämlich zwischen dem Kunden beziehungsweise um es genau zu fassen, derjenigen Rolle im agilen Arbeitssystem, die die Kundenanforderungen repräsentiert (zum Beispiel Product Owner) und dem Team, das darauf hinarbeitet, diese Forderungen umzusetzen.

Mit Kundenverbindung in der Arbeit eines agilen Teams wird zunächst beschrieben, dass dem Team stets bekannt ist,

- für wen das Team eigentlich arbeitet, für wen es also mit seinen Arbeitsergebnissen einen konkreten Nutzen stiftet,

- wie dessen oder deren Kriterien für ein nützliches Ergebnis aussehen (Gütekriterien, Qualitätsmerkmale ...),
- was aus Sicht des Abnehmers, des Kunden, des Auftraggebers nicht passieren darf (K.-o.-Kriterien, non-fit- oder Ausschlusskriterien),
- was genau für den Kunden den Unterschied zwischen einem guten Ergebnis, das Begeisterung auslöst, und einem mittelprächtigen, das bestenfalls ein kopfwiegendes »Na ja« hervorruft macht.

Diese Beschreibung dessen, was dem agilen Team bekannt sein muss, klingt nach schlichtem Informationsbedarf, dem durch Bereitstellung der notwendigen Zahlen, Daten und Fakten gerecht zu werden ist. Allerdings konnten wir ja bereits (in Kapitel 1.1) feststellen, dass die Anforderungen der Kunden in den Zeiten turbulenter Märkte und hoher Innovationsgeschwindigkeit keineswegs als statisch angesehen werden kann – als feste Größe sozusagen, die man einfach nur zur Kenntnis nehmen muss und dann über das Bescheid weiß, was der Kunde will und braucht. Erwartungen und Anforderungen des Kunden ändern sich, häufig sogar ohne vorherige Ankündigung und in überraschende, unerwartete Richtung.

Erwartungen, Erfolgskriterien und Anforderungen der Kunden ändern sich immer häufiger, aber damit nicht genug: Bisweilen entspricht die dokumentierte oder kommunizierte Form dieser Erwartungen, also das, was der Kunde sagt, auch gar nicht dem, was der Kunde wirklich will oder braucht. Nicht von ungefähr lautet ein geflügeltes Wort in Entwicklerkreisen so: »Der Kunde weiß erst was er will, wenn er sieht was er bekommt.«

Interessant und erfolgskritisch für das agile Team wird daher folgende Frage: Woran (wie, zu welchem Anlass ...) merken wir – und zwar so früh wie möglich – dass sich die Anforderungen unseres Kunden geändert haben, dass neue Anforderungen ins Spiel gekommen sind, dass bisherige Anforderungen nicht mehr so bedeutsam sind wie zuvor?

Es scheint also für ein agiles Team keineswegs einfach zu sein, stets und ständig über die Anforderungen des Kunden im Bilde zu bleiben. Und aus der eben zitierten sprichwörtlichen Weisheit der Entwickler lässt sich auch schon erahnen, dass diese Schwierigkeiten nicht nur in der Fähigkeit oder Unfähigkeit oder gar dem fehlenden guten Willen auf Kundenseite geschuldet sind. Vielmehr scheint es eines beiderseitigen Prozesses der Verständigung zwischen Kunde und Lieferant zu bedürfen – landläufig auch gerne als Kommunikation bezeichnet. Zur gelingenden Kommunikation gehören bekanntlich (mindestens) zwei Seiten – anders ausgedrückt: Kundenverbindung in der agilen Teamarbeit erfordert regelmäßiges gegenseitiges Feedback zwischen den Leistungserbringern im agilen Team und dem Kunden oder Auftraggeber.

Tipp

Kundenverbindung bedeutet also nicht nur – wie aus dem alten Wasserfallmodell der Softwareentwicklung bekannt – eine Liste von Kundenanforderungen einfach abzuarbeiten. Vielmehr geht es darum, mit dem Kunden in einen kommunikativen Prozess zu treten, dessen Ziel darin besteht, den Arbeitsprozess so zu gestalten, dass das bestmögliche Arbeitsergebnis dabei herauskommt. Dies bedeutet über mögliche und sinnvolle Änderungen der eingangs erstellten Anforderungen zu sprechen, neue Ideen, die möglicherweise eine Verbesserung des Produkts beitragen, einzubringen, offen zu diskutieren, selbst (und gerade) wenn es um Schwierigkeiten im Prozess geht.

Und Kundenverbindung ist keine Einbahnstraße: Die Dienstleister bringen ihre Position in den Austausch mit ein, ebenso wie der Kunde. Der Dienstleister gibt Rückmeldung zum Arbeitsstand, gibt Einschätzungen darüber ab, ob die Ergebnisse dem ursprünglichen Zielbild entsprechen oder ob sich dieses sogar verschoben hat. Der Kunde bringt seine Vorstellungen und möglichen Änderungswünsche also proaktiv in das agile Arbeitssystem mit ein. Und dies ist aus unserer Sicht wahrlich ein qualitativer Unterschied zu reiner Kundenorientierung. Der Kunde ist Teil des Arbeitsprozesses und hat demgemäß eine Rolle auszufüllen, die auch Pflichten mit einschließt. Die Pflicht nämlich sich aktiv an diesem kommunikativen Austauschprozess einzulassen. Und dies hat Konsequenzen für den Arbeitsprozess. Zentrale Herausforderung, um dem agilen Kernprinzip »Kundenverbindung« gerecht zu werden ist es, den essenziellen Austausch zwischen Kunde und Dienstleister sicherzustellen.

Oftmals sind der Kunde (oder die Kunden) räumlich entfernt vom agilen Team – deshalb braucht es definierte Kanäle und Prozesse für den Austausch – nicht nur rein technisch, sondern auch personell. Meist wird dies so geregelt, dass eine definierte Rolle als Vertreter des Auftraggebers oder Kunden vor Ort eingesetzt wird, mit dem das agile Team im Austausch steht. Im agilen Framework Scrum ist das der Product Owner. Dieser Vertreter des Kunden übernimmt dann typischerweise auch eine Funktion als Brückenbauer, als Lotse und Integrator.

Eine weitere Rolle im Kundensystem übernimmt zudem das verantwortliche Management des Unternehmens oder der Einrichtung, in der das agile Team arbeitet. Denn dieses Management trägt (neben fachlich-inhaltlichen Aspekten) auch die Verantwortung für eine wirtschaftliche Abwicklung des agilen Wertschöpfungsprozesses. Der Brückenbauer oder Product Owner muss also auch in der Lage sein, die unterschiedlichen Interessen im Kundensystem unter einen Hut zu bringen, zu integrieren und widersprüchliche Interessenlagen auszugleichen.

Diesen agilen Rückkopplungsprozess, die Kundenverbindung, gilt es also zu organisieren. Und im agilen Team selbst geht es nicht nur darum, die interne Zusammenarbeit in kurzen Abständen zu reflektieren, sondern ebenso den Prozess des Abgleichs mit den Kundenerwartungen im Blick zu behalten und regelmäßig auszuwerten.

Exkurs: Der Blick über die agile Käseglocke hinaus – oder müssen auf einmal alle agil arbeiten?

Was sich als zentrale Botschaft aus dem oben Gesagten entnehmen lässt: Bei der Kundenverbindung geht es darum, einen kommunikativen Austausch zwischen Team und Kunden zu ermöglichen. Dabei haben wir die Frage, wer eigentlich »der Kunde« ist, bislang wenig berücksichtigt. »Kunden« können für ein agiles Team sehr unterschiedliche Instanzen und Rollenträger sein. In den meisten Fällen handelt es sich auch nicht nur um einen Kunden, sondern um verschiedenste Kunden, deren Interessen es unter einen Hut zu bringen gilt. Um diese unterschiedlichen Interessen zu bündeln ist es praktikabel eine eigene Rolle zu schaffen.

Doch bei dieser Rolle handelt es sich immer noch um einen Vertreter der eigenen Organisation. Dieser repräsentiert die Kundenanforderungen, aber kann er tatsächlich wissen, was der reale Kunde möchte ohne mit diesem in Austausch zu sein? Unsere Erfahrung hierzu ist klar: Nein, das funktioniert nicht. Die Vorstellung, die vielfach bei Kunden anzutreffen ist, entspricht der altbekannten Logik: Ich definiere, was ich möchte und dann wird das Ergebnis genauso geliefert. Doch dieses einfache Abarbeiten eines sauber definierten Auftrags funktioniert in den meisten Fällen nicht, wenn es um komplexe Aufgaben mit verschiedenen Stakeholdern in einem dynamischen Umfeld geht. (Und das sind die typischen Anwendungsfälle agiler Arbeitsweisen.)

Praxis

Dies bedeutet, dass die Anforderung tatsächlich an den realen Kunden gestellt wird, sich proaktiv an einem Dialog (mit dem Product Owner oder einer spezifischen mit dem Kundendialog betreuten Rolle) zu beteiligen. Die Frage eines verdutzten Auftraggebers spitzt die Brisanz dieser Feststellung zu: »Heißt das, nur weil Sie agil arbeiten, sind wir nun auch dazu verpflichtet, agil zu arbeiten?« Das bedeutet, sich auf diesen kommunikativen Prozess einzulassen. Aus unserer Sicht ist die Antwort klar: Ja! Nur so kann sichergestellt werden, dass das bestmögliche Ergebnis erzielt wird. Das heißt nicht, dass der Kunde nun selbst agile Strukturen einführen muss –

so weit würden wir da nicht gehen. Aber die grundlegende Anforderung, einen Dialog zu führen, eigene Anliegen proaktiv einzubringen und als Ansprechpartner für Feedback zur Verfügung zu stehen, bleibt bestehen.

Tipp

Aus unserer Sicht ist es wichtig in diesem Punkt von Anfang an offen mit den realen Kunden zu kommunizieren. Die Potenziale agilen Arbeitens lassen sich nur heben, wenn auch die Kunden ihre Rolle neu definieren und mit im Boot sind, anstatt vom sicheren Ufer aus auf die Ankunft des Schiffs im Hafen zu warten. Der Kunde ist kein Auftraggeber mehr, der den Auftrag von sich weggibt, sondern ist vielmehr als Auftragsgestalter zu definieren, der im Laufe des Prozesses an der Formung des bestmöglichen Resultats mitwirkt.

Wir sind im Übrigen davon überzeugt, dass jeder Kunde ein veritables Interesse daran hat, in diesen Austausch zu treten, denn was er gewinnt ist die Möglichkeit »Überraschungen zu vermeiden«, Änderungswünsche in den laufenden Prozess einzubringen und ein Ergebnis zu erhalten, das seinen Bedürfnissen zum Zeitpunkt der Fertigstellung (und nicht der Auftragserteilung!) am meisten entspricht. Deshalb ist unsere Empfehlung bereits beim Contracting, diese Anforderung an ihn zu thematisieren und Vereinbarungen darüber zu treffen, wie dieser Austausch sinnvollerweise gestaltet werden kann.

Auch das Management von Unternehmen stellt in unserer Logik einen Kunden des agilen Teams dar und auch für dieses – so unsere Erfahrung – ist damit oftmals ein Umdenkprozess verbunden. Dies soll ein Beispiel aus einem Projekt, in dem agile Teams in einer Entwicklungsabteilung eingeführt wurden, illustrieren.

Beispiel:
Das Unternehmen hatte beschlossen, ein interdisziplinär besetztes Team mit Experten aus verschiedenen Bereichen zu beauftragen, um ein mit Priorität versehenes Projekt abzuarbeiten. Wie meist der Fall, war es auch hier so,

dass die Teammitglieder zu einer Abteilung gehörten und dementsprechend auch einen gemeinsamen Chef hatten. In unserem Fall kam – wie bisher auch so oft – dieser Abteilungsleiter zu einer der Entwickler im Team und bat ihn um einen »besonders wichtigen und hochdringlichen Auftrag«, er möge doch bitte bis in drei Tagen eine Machbarkeitsstudie abliefern. Bislang war es stets so, dass solche Aufträge vom Entwickler übernommen wurden, auch wenn sie ihm seinen Arbeitsplan zerschossen und er mit erheblichen Überstunden rechnen musste. Mitunter war es natürlich auch ein Privileg für besonders wichtige Aufträge vom Abteilungsleiter angefragt zu werden.

Doch dieser Auftrag brachte unseren Entwickler in arge Konflikte. Ist er seinem Abteilungsleiter oder dem Team gegenüber stärker committet? Klar war, wenn er den Auftrag annehmen würde, wäre der gesamte Sprint-Plan über den Haufen geworfen. Nach kurzer Unterredung mit seinem Scrum Master und dem Team war klar, dass diese Anfrage eine reale Bedrohung für das Erreichen des Arbeitsergebnisses des Teams darstellt. Das Team – sprich der angesprochene Entwickler und der Product Owner – suchten den Dialog mit dem Abteilungsleiter, der schlussendlich seinen Auftrag einem anderen Mitarbeiter, der nicht in einem agilen Team committet war, übergab. Durch den Dialog ließ sich in diesem Beispiel die Bedrohung für das agile Team abwenden. In anderen Fällen kann es sein, dass solche Fragen der Priorisierung nach oben eskaliert, also unter Einbeziehung einer höheren Hierarchieebene geklärt werden müssen.

Das Beispiel zeigt, dass agiles Arbeiten weite Kreise zieht und auch etwa für das Management die Maßgabe besteht, zumindest die innere Logik, die sich aus agilen Prozessen ergibt, zu berücksichtigen.

2.5 Commitment

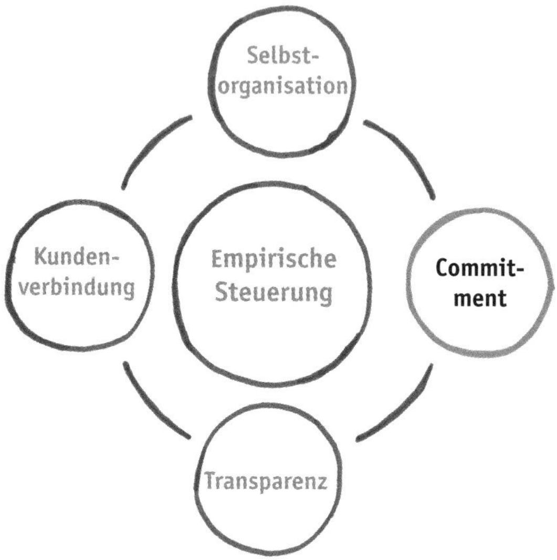

Als Versprechen und Erwartungshaltung bei der Einführung von agilen Arbeitsweisen hört man landauf, landab, dass die agilen Teams fortan ein stärkeres Commitment mit den Unternehmenszielen eingehen werden. Aber woher soll das bitteschön kommen – und was ist mit Commitment eigentlich gemeint?

Aus unserer Sicht ist das Commitment tatsächlich ein zentraler Hebel, der agile Teams von herkömmlichen Teams unterscheidet. Aber nichts im Leben ist bekanntlich umsonst zu haben. Für dieses abstrakt klingende Commitment muss die Organisation nämlich erst einmal ganz konkrete Voraussetzungen schaffen – als da wären

1. Verbindlichkeit im Team,
2. Rollen- und Aufgabenklarheit,
3. Fokussierung der Aufgaben.

1. Verbindlichkeit im Team

Das Team muss sich zunächst wirklich als Team fühlen, dazu braucht es Raum. Im Idealfall ist dies ein tatsächlicher physischer Raum, indem die Teammitglieder nicht nur gemeinsame Besprechungen durchführen, sondern auch einen Teil ihrer Arbeitszeit gemeinsam verbringen. Bei virtuellen oder räumlich verteilten Teams sollte das zumindest ein virtueller Raum mit einer funktionierenden Kollaborations-Software sein.

Gerade bei agilen Teams, deren Zusammensetzung sich ja je nach Aufgaben schnell ändern kann und soll braucht es Klarheit, wer dazu gehört und mit wem ich mich zu etwas verpflichte. Und so kommt, das ist unsere Erfahrung, auch die Lust an der Leistung auf. Wir versprechen etwas gemeinsam und haben auch Spaß daran, es einzuhalten. Und das zeigen wir uns und anderen durch geeignete Formen der Visualisierung. Diese Art des Versprechens, nicht nur gegenüber einem Kunden oder Product Owner, sondern auch gegenseitig im Team, erzeugt die Verbindlichkeit und den Spaß. Und da das Leben nicht nur aus Spaß besteht, sind die regelmäßigen Retrospektiven eben auch wichtig um Verbindlichkeit im Team zu lernen und aufrecht zu erhalten.

2. Rollen und Aufgabenklarheit

»Wenn mir nicht klar ist, was ich hier darf, dann weiß ich auch nicht was ich hier soll!«

Zitat

Diesen Satz hörten wir von einem frustrierten Gruppensprecher, der schon mehrfach in seiner Arbeit an die Grenzen seiner Rollenbeschreibung gestoßen war und sich durch die dadurch entstandenen Unklarheiten massiv in der Ausführung seiner Arbeit behindert gefühlt hatte. Für ihn war die Sache klar: »Wie gut ich hier arbeiten kann und wie wohl ich mich in meiner Gruppe fühle, hängt davon ab wie klar meine Rolle formuliert ist und dass die damit verbundenen Rechte und Pflichten eingehalten werden«. Damit sind wir bei einem weiteren Kern des agilen Arbeitens angelangt, der Klarheit von Rollen und Aufgaben.

Die zentrale Rolle des Commitments des agilen Teams zur gemeinsamen Aufgabe ist bereits in den oben genannten Punkten mehrfach zum Ausdruck gekommen. Hier möchten wir unser Verständnis noch einmal auf den Punkt bringen. Unsere These hierzu lautet, dass die Klarheit der Rollenbeschreibung und die tatsächlich gelebte Rollenausführung wesentlich damit zu tun haben, ob ich mich im Team (oder der Organisation) wohl und verbunden fühle (mich also committe).

In Zeiten komplexer Matrixstrukturen in Organisationen, in denen ich als Mitarbeitender zwischen den Anforderungen meines Linienvorgesetzten auf der einen Seite und meinem Projektteam auf der anderen Seite manchmal wörtlich zerrissen vorkommen kann, gewinnt die klare Rollenausgestaltung an Bedeutung. Die einfache Frage »Wer ist für das Problem eigentlich mein Ansprechpartner?« ist oftmals gar nicht so einfach zu beantworten. Die meisten agilen Teams setzen sich aus Mitarbeitenden aus einer Abteilung oder Organisationseinheit zusammen und dementsprechend ist deren Linienführungskraft erster Ansprechpartner für diese. Doch zugleich gibt es Fragestellungen, die nicht nur den Einzelnen adressieren, sondern das Team als Ganzes betreffen. Wer genehmigt die Teambuildung-Veranstaltung, die für das ganze Team zum Projektauftakt stattfinden soll? Mit wem führe ich Feedback-Gespräche über meine Arbeitsleistung im agilen Team? Und vor allem: Wer entscheidet (im Zweifelsfall), welche Aufgabe als Erstes zu bearbeiten ist?

Es wird deutlich, dass das Team als Ganzes einen Ansprechpartner benötigt und nicht nur jeder einzelne seine Vorgesetzten hat. Hierfür wurde in agilen Arbeiten eine Rolle geschaffen, die vielfach als Product Owner bezeichnet wird. Dieser hat die Kundenanforderungen im Blick und entscheidet, welche Aufgaben erledigt werden müssen und in welcher Reihenfolge.

Zur Veranschaulichung möchten wir ein tatsächlich so erlebtes Beispiel aus einem Großkonzern schildern.

Beispiel:
Bei der Bildung von agilen Teams fühlte sich keine Linienführungskraft für die Getränkebestellung beim Kick-off-Meeting des neu gestarteten Projektes zuständig und das eigene Budget hierfür zu verwenden kam erst recht nicht in Frage. Nach zähem Ringen und einigem Hin und Her konnte schließlich ein Kompromiss erzielt werden, der zum Nachdenken anregt. Die zwanzig bestellten Wasserflaschen wurden auf fünf verschiedene Kostenstellen, denen die Mitarbeitenden der agilen Teams angehörten, verrechnet. Der Einfachheit halber hatte man sich dazu entschlossen die Kosten für die Flaschen gleichmäßig zu verteilen und nicht – wie auch diskutiert wurde – den prozentualen Flüssigkeitsbedarf der Mitarbeitenden zu ermitteln und so gezielt zu verrechnen.

Ein Schelm wer hier an der Effizienz von Cross-Linien-Organisation zweifelt. In diesem Fall hätte mit ziemlicher Sicherheit ein agiles Rollenkonzept zur schnelleren Lösung des – noch ziemlich überschaubaren – Problems beigetragen.

Der Product Owner hätte entschieden, dass das Bestellen der Wasserflaschen eine mit Priorität zu erledigende Aufgabe ist und diese an einen für das Team Verantwortlichen delegiert. Der Umsetzer, im Beispiel derjenige, der die Aufgabe das Wasser zu bestellen übernommen hätte, wird bei der agilen Arbeitsweise Scrum als Scrum Master bezeichnet.

Dessen Rolle besteht darin, dem Team zu helfen, den Rahmen zu halten, diesem aufzuzeigen, wo Handlungsbedarf besteht und dies ohne immer selbst handeln zu müssen.

Darin besteht das Geheimnis: der Scrum Master kann frei agieren, er braucht nichts gesund zu beten, weil er weder für die Ziele verantwortlich ist (Rolle des Product Owner), noch für die Ergebnisse (Team). Dadurch ist er frei, Schwierigkeiten, Versäumnisse, Konflikte, et cetera anzusprechen und anzumahnen – er ist sozusagen eine neutrale Instanz im Dienste des großen Ganzen. Dies ist eine wesentliche Neuerung agilen Arbeitens und ein zentraler Unterschied zur klassischen Rolle der Führungskraft, die in der Regel auch die Verantwortung für die Zielerreichung trägt.

Daneben sei noch eine persönliche Einschätzung, die sich aus unserer Beratungserfahrung speist, erlaubt. Wir sind der festen Überzeugung, dass das Vorhandensein einer Rolle, die nur für das Team zuständig ist und dafür sorgt, dass dieses störungsfrei arbeiten kann, auch die Gruppenkohäsion, den Zusammenhalt in der Gruppe stärkt. Das Gefühl, jemand ist für *uns* da und sorgt dafür, dass wir schrittweise besser zusammenarbeiten können, erhöht das subjektive Erleben von Zusammengehörigkeit.

3. Fokussierung der Aufgaben

» Verbindlichkeit kann nur entstehen, wenn klar ist was ich versprochen habe und was von mir erwartet wird.

Und hier liegt ein weiteres Erfolgsgeheimnis des iterativen Vorgehens: Ich weiß als Teammitglied sehr genau was von mir für heute und im Laufe dieser Iteration erwartet wird und was ich versprochen habe. Und das darf eben nicht alles Mögliche sein, sondern genau von mir selbst beziehungsweise von uns gemeinsam im Team in Bezug auf meine beziehungsweise unsere reale Kapazität abgeschätzte Aufgaben. Diese Form der Fokussierung hebt nach unserer Erfahrungen enorme Produktivitätspotenziale.

Zum einen verschwindet das Gefühl, dass irgendetwas immer nicht fertig geworden ist, wofür ich von jemandem angezählt werden kann (und sei es nur von mir und meinem inneren Antreiber). Zum anderen vermindere ich nicht nur geistige Rüstzeiten, sondern nach vielen Untersuchungen (siehe Sprenger) zählen Unterbrechungen zu den am häufigsten genannten Demotivatoren. Bis eben war es noch ganz wichtig, woran ich gearbeitet habe und nun ist es plötzlich nur noch Priorität 3, weil der Chef etwas übersehen hat, das nun ganz schnell in Angriff genommen werden muss.

Somit ist Fokussierung auf einen überschaubaren und leistbaren Aufgabenumfang aus unserer Sicht nicht nur gesund, sondern fördert auch das Commitment und die Ernsthaftigkeit im Team. Es sind nun eben unsere Ziele als Team – und nicht die des Vertriebs oder des Chefs.

3.

Agile Arbeitsweisen und Einsatzfelder von agilen Teams

Nachdem Sie nun schon viel davon gehört haben was die Idee und den Kern agiler Arbeit in Teams ausmacht, fragen Sie sich bestimmt, wie agile Arbeit denn konkret aussieht. Hierauf möchten wir in den folgenden Seiten Auskunft geben. Zunächst erläutern wir einige wesentliche Gesichtspunkte, die für alle agilen Frameworks bedeutsam sind. Wenn Sie die vorherigen Seiten schon gelesen haben, dann können Sie diese auch überspringen und gleich mit der Darstellung dreier agiler Frameworks fortfahren, die sich in der Praxis besonders bewährt haben, nämlich Scrum, Kanban und agiles Prozessmanagement.

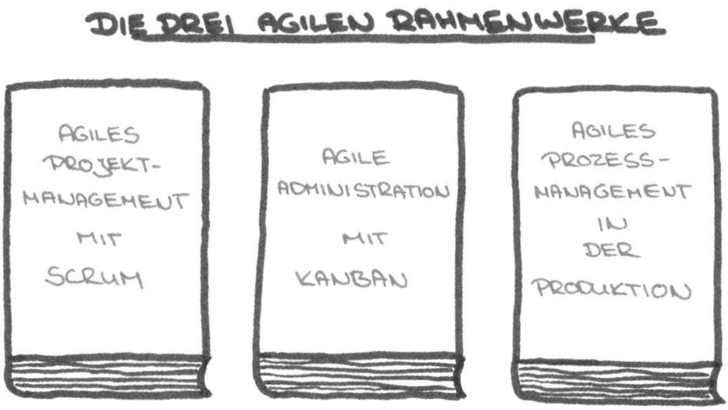

Einstieg

Agiles Arbeiten lässt sich als beständiges Ringen um die Balance zwischen Flexibilität und Stabilität verstehen:

Konstanter Wechsel ...

Agile Teams sollen sich an sich ständig verschiebenden Prioritäten orientieren. Dies ist bereits eine nicht zu unterschätzende Herausforderung für ein Team. Aber diese sich verschiebenden Prioritäten (entweder innerhalb der Aufgaben des eigenen Teams oder in anderen Bereichen des Unternehmens) haben in der Praxis zur Folge, dass auch die Besetzung des Teams nicht stabil ist.

... und Stabilität

Agile Teams erhalten eben nicht immer und ständig neue Ziele, sondern sie wissen sehr genau, wann Ziele gemeinsam mit ihnen aktualisiert werden (nämlich in den Planungs-Meetings), wann Ziele erreicht sind (nämlich nach der Abnahme im Review) und wie und zu welchem Anlass Rollen ausgehandelt und soziale Konflikte bearbeitet werden (nämlich in den Retrospektiven).

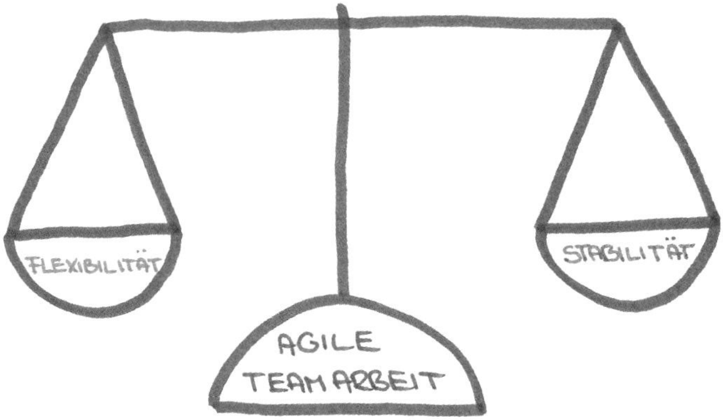

Balance von Flexibilität und Stabilität

» Wenn die Besetzung von Teams nur für kurze Zeit stabil ist, muss das Team vor allem eine hohe soziale Kompetenz entwickeln und die Eigenheiten der Phasen von Teamentwicklung kennen, um sie zügig zu durchlaufen. Hierbei helfen agile Praktiken.

Das tägliche Treffen sorgt für eine große Gravitationskraft des Teams. In einigen Frameworks wie Scrum oder Kanban stellt das tägliche Treffen eine zentrale Praktik dar. Dies sorgt für eine große Gravitationskraft des Teams. Zusammengehörigkeit wird sinnlich erfahrbar, und zwar auch für Teams die örtlich verteilt arbeiten. Man trifft sich regelmäßig, entweder am realen Team Board (siehe Abschnitt Visualisierung) oder an seiner virtuellen Nachbildung. Und eben nicht nur, »wenn was ist«. Dieses Gefühl der Zusammengehörigkeit stellt die Basis für gemeinsame Verantwortungsübernahme dar. Und sie erlaubt die teaminterne Aushandlung von Erwartungen, Rollen und Konflikten – zeitnah und schnell.

Die gemeinsame Retrospektive (eine weitere zentrale agile Praxis) ist der wichtigste Lernort für die Teams. Sie ist in agilen Teams so bedeutsam, weil diese Teams keine fest gefügten Abteilungen sind, in denen die Hierarchie und die Zeit helfen, Probleme in der Zusammenarbeit zu bewältigen. Agile Teams müssen Erwartungen, Rollen und Konflikte viel schneller behandeln. Nur so haben sie überhaupt die Chance an der Entwicklung ihres Teams konsequent zu arbeiten und die Hochleistungsphase zu erreichen.

Die erste Anforderung an das Team ist es, regelmäßig eine Positionsbestimmung und Bewertung der eigenen Arbeit vorzunehmen.

3.1 Agiles Projektmanagement mit Scrum

Ursprünglich für die Softwareentwicklung konzipiert, gewinnt Scrum mittlerweile weit darüber hinaus auch in der Entwicklung physischer Produkte immer mehr an Bedeutung. Scrum betont das Commitment, die Fokussierung, die Offenheit und den Respekt. Scrum fördert dabei direkte Kommunikation und kurze Feedback-Schleifen und setzt auf Selbstorganisation in motivierten Teams.

Der Begriff »Scrum« stammt aus dem Rugby und beschreibt dort das geordnete Gedränge zu Beginn eines Spielabschnitts. Sinngemäß wird damit gesagt: »Vor jedem Angriff die Köpfe zusammen stecken!« Was aber hat das mit der Entwicklung von Produkten zu tun – und was will ein Unternehmen mit der Einführung dieser agilen Vorgehensweise erreichen?

Typische Ziele bei der Einführung von Scrum sind:

- höhere Reaktionsfähigkeit auf sich ändernde Kundenanforderungen
- kürzere Time to Market (Produkteinführungszeit)
- höhere Qualität und Kundenzufriedenheit
- bessere Nahtstellen zu Vertrieb, Engineering, Einkauf und Fertigung

Dies wird dadurch erreicht, dass der Entwicklungsprozess in überschaubare Etappen – in Sprints von zwei bis vier Wochen – unterteilt wird, zu deren Beginn sich die Teams jeweils über Inhalte und Zeiteinteilung abstimmen. Die Teamorganisation wird dabei einfach und übersichtlich gehalten.

Es gibt:

- drei verschiedene Rollen,
- vier Arten von Meetings,
- drei Arten von Dokumenten
- und ansonsten wenige Regeln, auf deren Einhaltung allerdings umso mehr geachtet wird.

Scrum kennt nur drei klar abgegrenzte Rollen:

Den **Product Owner**, der die Ziele der Entwicklung, die zu realisierenden Features und ihre Prioritäten festlegt. Er repräsentiert die Erwartungen der Nutzer, der Kunden und des Managements und trägt die wirtschaftliche Verantwortung für das Projekt. Seine Aufgabe besteht weiterhin darin, das Projekt inhaltlich zu steuern und gegebenenfalls Prioritäten zu setzen und Entscheidungen zu treffen. Darüber hinaus pflegt er das Product Backlog (siehe unten).

Scrum im Überblick

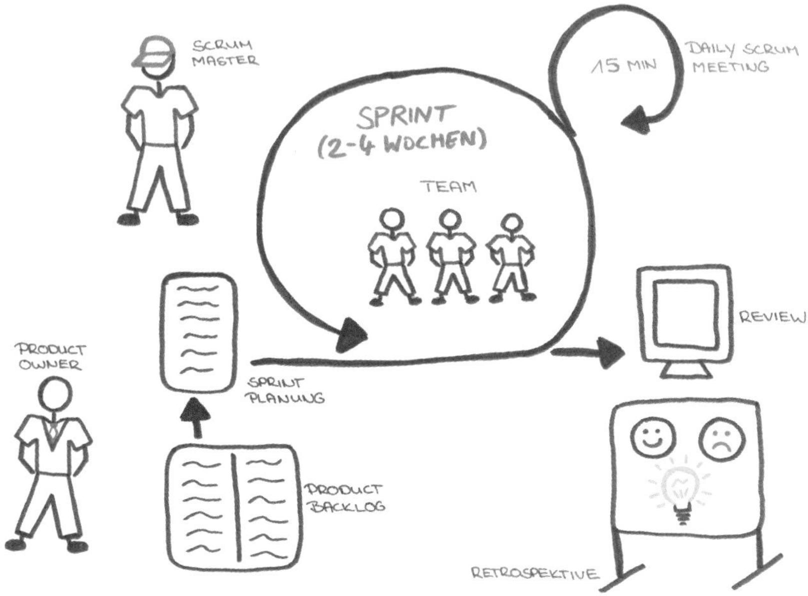

Das **agile Team**, das sich eigenständig organisiert und unter anderem die Aufwände für die eigenen Aufgaben schätzt. Es realisiert eigenverantwortlich die Anforderungen aus dem Product Backlog und verpflichtet sich dazu, in einem festgelegten Zeitraum bestimmte Ziele zu erreichen.

Den **Scrum Master**, der dafür sorgt, dass das Team produktiv und störungsfrei arbeiten kann, der Verbesserungspotenziale ermittelt und die Arbeitsbedingungen des Teams optimiert. Er coacht die Beteiligten, ist aber kein Projektleiter und hat weder Weisungsbefugnis noch inhaltliche Verantwortung.

Die Scrum-Rollen

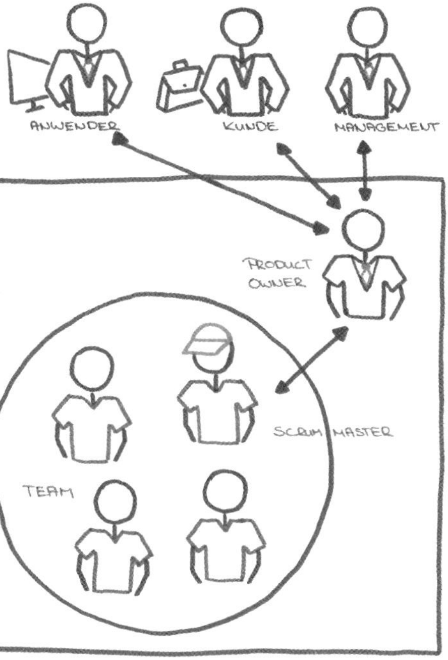

Abläufe im Scrum-Vorgehen

Der Ablauf von Scrum wird strukturiert durch drei Dokumente und vier verschiedene Meetings, die im Prozessverlauf entstehen. Die drei Dokumente – in der Scrum-Sprache häufig als Artefakte bezeichnet – sind:

Die **User Story** beschreibt anschaulich aus Nutzersicht die Anforderungen an das Produkt. Sie dient den Entwicklern als zusätzliche Information zur Planung und Priorisierung von Anforderungen an das Produkt.

Das **Product Backlog** listet die gewünschten Eigenschaften des zu entwickelnden Produkts auf. Es ist jederzeit erweiterbar und für Input von allen Beteiligten offen. Diese Punkte werden allerdings vom Product Owner priorisiert, niedriger bewertete Punkte werden gegebenenfalls nicht realisiert.

Im **Sprint Backlog** werden die Aufgaben festgehalten, die das Team im Sprint erledigen muss, um sein Commitment zu erfüllen. Es gehört dem Team und wird separat vom Product Backlog gehalten.

Scrum-Dokumente

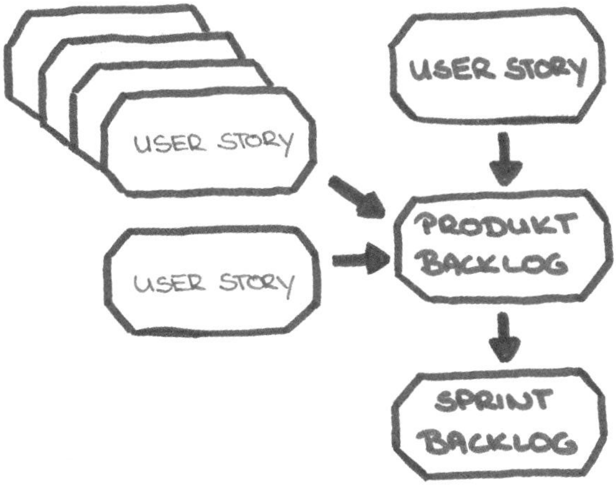

Die vier Meetings sind:

Das **Planning Meeting** steht am Anfang jedes Sprints. Teilnehmer sind das Team, der Product Owner und der Scrum Master. Es umfasst zum einen die inhaltliche Planung des Sprints, zum anderen das Commitment zu den jeweiligen persönlichen Ergebnissen und zur Einhaltung der Termine. Für die Planung eines vierzehntägigen Sprints lässt sich als Richtwert ein zeitlicher Aufwand von vier Stunden ansetzen.

Während des Sprints wird von Team und Scrum Master ein kurzes **tägliches Scrum-Meeting** (Daily Scrum oder auch Daily) durchgeführt, das fünfzehn Minuten oder kürzer dauert und immer zur gleichen Zeit, am selben Ort und im Stehen stattfindet. Darin berichten die Teilnehmer, was sie seit dem letzten Meeting getan haben, was sie bis zum folgenden Meeting erreichen wollen und welche Hindernisse auf dem Weg dorthin bestehen. Der Scrum Master nimmt dies auf und versucht, Schwierigkeiten für das Team aus dem Weg zu räumen. Fachliche Diskussionen finden erst im Anschluss und nur zwischen den betroffenen Personen statt.

Beim **Review Meeting** nimmt neben Team und Scrum Master auch wieder der Product Owner teil, gegebenenfalls auch weitere Interessierte. Innerhalb von zwei Stunden stellt das Team die Ergebnisse aus der gerade abgeschlossenen Sprintphase direkt vor, ohne sie in Folien zu übersetzen.

Nach dem Review findet in gleicher Zusammensetzung die **Retrospektive** statt, moderiert vom Scrum Master. Dabei wird der Prozess besprochen: »Was lief gut, was können wir besser?«. Das Ergebnis sind konkrete Veränderungen für den nächsten Sprint.

Die Abfolge der Meetings

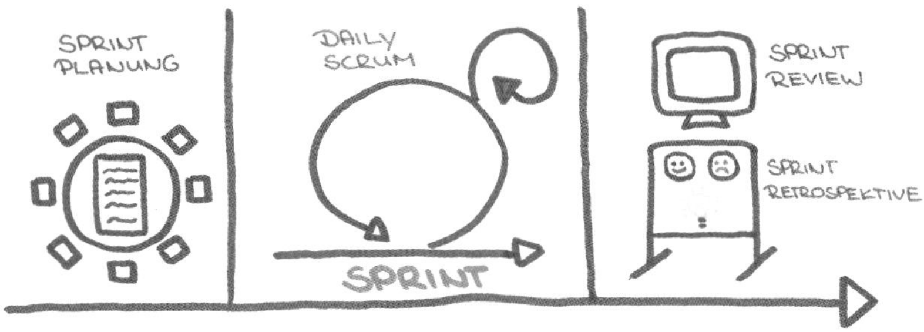

3.2 Agile Administration mit Kanban

Im folgenden Abschnitt richten wir unseren Blick auf Anwendungsfelder, in denen ein Arbeiten nach agilen Prinzipien noch vor wenigen Jahren undenkbar schien – und wenn doch, dann eher mit sarkastischem Unterton: Das agile Finanzamt, selbstorganisierte Teams im Vertrieb oder Controlling, das erschien doch manchem als ein Widerspruch in sich oder schlicht als unmöglich. Schließlich geht es doch dort vor allem darum, für stabile Prozesse mit planbaren und verlässlichen Ergebnissen zu sorgen, nicht aber auf häufige und unerwartete Veränderungen möglichst flexibel zu reagieren. Aber auch dort weht mittlerweile ein agiler Wind durch die Flure und gute Beispiele aus der Praxis regen hier und da zum Umdenken an.

Was ändert sich jetzt, was unterscheidet die unterschiedlichen Einsatzfelder also voneinander? Im vorigen Abschnitt ging es mit Scrum als Framework um Projekte, also um die Bearbeitung eines Vorhabens mit Anfang und Ende, bei dem typischerweise Neuland betreten wird, also die Planbarkeit per se begrenzt ist und auch das Team als temporäre Institution gebildet und wieder aufgelöst wird. Jetzt geht es stattdessen um die agile Bearbeitung von Prozessen und zwar in diesem Abschnitt nicht um herstellende oder montierende Prozesse in der Produktion, sondern um administrative, kaufmännische oder dienstleistende Prozesse. Die Fragen lauten daher: Welchen Nutzen kann denn hier eine agile Arbeitsweise überhaupt stiften und welches Rahmenwerk, welche agilen Praktiken eignen sich hier? Und nicht zuletzt, welche Besonderheiten in der praktischen Umsetzung hat ein agiles Team hier zu berücksichtigen?

Warum überhaupt ein anderes agiles Rahmenwerk einsetzen, wenn sich das Einsatzfeld ändert? Im Projekt (wenn es denn ein echtes ist) ist ja bekanntlich stets mit Überraschungen zu rechnen, mit Zielen, die sich verschieben (Drifting Scope) etwa, insbesondere bei längeren Laufzeiten, mit neuen Ideen der Entwickler oder veränderten Anforderungen des Kunden oder neuer Konstellation am Markt, weil etwa ein Wettbewerber plötzlich ein neues Feature in sein Produkt integriert hat, ohne dass unsere Kiste binnen kurzer Zeit ziemlich alt aussehen würde, obwohl gerade auch erst ganz neu entwickelt. Aber Prozesse in Verwaltung, Marketing, Einkauf, Vertrieb – die sind doch eigentlich hochgradig standardisiert und weitgehend durch effiziente Routinen geprägt. Wem soll da ein agiles Vorgehen helfen? Und gefährdet da nicht jede Selbstorganisation im Team die Einhaltung von Standards und Stabilität?

Praxis

Im wahren Leben sind viele Geschäftsprozesse im Unternehmen (ebenso wie in öffentlichen Einrichtungen) zwar mittlerweile hoch standardisiert in der Beschreibung und zugleich Gegenstand fortwährender Bemühungen zur weiteren Optimierung – zugleich wird der Arbeitsalltag derjenigen Menschen und Teams, die diese Prozesse täglich am Laufen halten, oft durch das glatte Gegenteil von einem vermeintlich geschmeidigen und hoch standardisierten Ablauf geprägt. Diese Kluft zwischen Theorie und Praxis wird dann etwa so beschrieben: »Wenn wir tatsächlich so arbeiten würden, wie es unsere Standards und Prozessbeschreibungen vorgeben, dann würde hier alles drunter und drüber gehen. Tatsächlich müssen wir täglich aufs Neue schnell reagieren, uns gegenseitig unterstützen und kreative Wege, eben den kleinen Dienstweg suchen und beschreiten, damit der Kunde doch noch termingerecht und in erwarteter Qualität versorgt werden kann.«

Auch dort, wo der Außenstehende also erwarten mag, dass im Tagesgeschäft doch alles sauber nach Plan und in weitgehend vorbestimmten Bahnen abläuft, auch dort ist also offenbar die Fähigkeit gefragt, auf unerwartete Engpässe etwa durch Ausfall von eingeplanten Ressourcen oder überraschend eingegangene Eilaufträge schnell und angemessen zu reagieren. Angesichts solcher Anforderungen wird es Sie nach dem bisher Gesagten nicht allzu sehr überraschen, dass ein Team, das seine aktuellen Aufgaben und deren Abarbeitungsstand jederzeit im Blick hat und sich gegenseitig ohne Anweisung von oben unterstützt, dass ein solches Team also weitaus flexibler, schneller und fokussierter vorgehen kann als zuvor in einer klassischen Arbeitsorganisation, die durch ausgeprägte Arbeitszuteilung sowie Anweisung und Kontrolle geprägt war.

Kanban

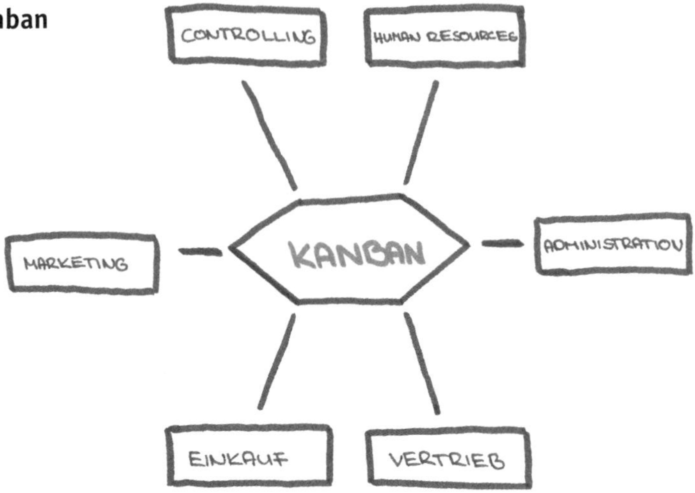

Agile Teams in Vertrieb, Controlling, Einkauf und Administration arbeiten besonders häufig und erfolgreich mit Kanban, einem Rahmenwerk, das ähnlich wie Scrum in der Software-Entwicklung bekannt geworden ist, obwohl das zugrunde liegende Kanban-System zur Produktionssteuerung mit ähnlichen Grundgedanken bereits ab 1947 von Taiichi Ohno (1978) in Japan als Teil des Produktionssystems der Toyota Motor Company entwickelt wurde.

Kanban setzt wie Scrum auf Transparenz, Feedback und kontinuierliche Verbesserung, gibt aber im Unterschied zu Scrum keine festen Rollen, Artefakte und Rituale vor. Das reduziert den Anpassungsaufwand in einer bestehenden Organisation und senkt damit die Schwelle für eine Entscheidung, agile Teamarbeit zu erproben. Die Kernelemente in der Arbeit mit Kanban sind schnell umrissen: Die Arbeit wird für alle sichtbar gemacht und das Team steuert den Durchfluss durch Begrenzung der gleichzeitig bearbeiteten Aufgaben (work in progress). Oder wie Jim Benson (2013) es treffend auf den Punkt bringt: »Focus + Flow = Finished«.

Zitat

Das Kanban-Board

Das WIP-Limit (work in progress) wird als Obergrenze auf dem Kanban Board eingetragen und so ist in der Spalte »in Arbeit« stets mit einem Blick zu erkennen, an wie vielen Baustellen das Team gleichzeitig arbeitet und ob die vereinbarte Grenze eingehalten wird.

Praxis

So bewährt sich das agile Kanban in vielen administrativ ausgerichteten Bereichen als ein besonders leichtgewichtiges Vorgehen, dessen Einführung deutlich weniger voraussetzungsvoll ist als etwa bei Scrum. Anhand eines Beispiels aus der betrieblichen Praxis soll dies kurz umrissen werden: Im Controlling-Team des technischen Servicebereichs bei einem Hersteller von Kraftwerksturbinen führten die akuten Anforderungen des Projektgeschäfts immer wieder und schwer vorhersehbar zu stark schwankendem Arbeitsanfall – entsprechende Engpässe, Terminüberschreitungen, persönliche Überlastungen und Ausfälle bei den Mitarbeitenden waren die Folge. Mit der Einführung von agilem Kanban konnte innerhalb weniger Wochen eine deutliche Veränderung erreicht werden: Das Kanban-Board an der Wand im Büro ermöglichte nun nicht nur dem Teamleiter, sondern allen Beteiligten einen schnellen und stets aktuellen Überblick, woran gerade gearbeitet wird und was bevorsteht.

Das tägliche Teamtreffen am Kanban-Board entwickelte sich schnell zum Ort des kurzen kollegialen Austauschs darüber, wer gerade mit welchen Belastungsspitzen zu kämpfen hat, wo im Team Unterstützung angeboten werden kann oder ob gegebenenfalls zusätzliche Ressourcen von außerhalb aktiviert werden müssen. Die Festlegung und Visualisierung einer maximalen Anzahl von gleichzeitig zu bearbeitenden Aufgaben (WIP-Limit) im Team sorgte schließlich dafür, dass bevorstehende Engpässe früher erkannt und benannt wurden. Das löst zwar noch kein Ressourcenproblem, erleichtert und schafft aber die notwendige Voraussetzung für einen angemessenen und systematischen Umgang damit.

» Kurz gesagt: Mit der Einführung von agilem Kanban ließ sich hier bei überschaubarem Aufwand in kurzer Zeit eine deutliche Verbesserung hinsichtlich Transparenz, Ausgleich von Belastungsspitzen und gegenseitiger Unterstützung im Team erreichen.

3.3 Agiles Prozessmanagement in der Produktion

Agile Teams bewähren sich in der Praxis nicht nur in Projekten sondern immer häufiger auch bei der Steuerung und Optimierung von Prozessen – sei es in der industriellen Produktion, im Dienstleistungsbereich oder etwa in der (öffentlichen) Verwaltung. Anhand eines betrieblichen Fallbeispiels aus der Montage von Nutzfahrzeugen sollen nun in diesem Abschnitt wesentliche Überlegungen zu agilem Prozessmanagement illustriert werden. Zugleich gelten die dargestellten Prinzipien aber nicht nur für die Produktion, sondern können – natürlich mit Modifikationen für den jeweiligen Anwendungskontext – generalisiert und auf andere Gebiete übertragen werden.

Beispiel:
Das besagte Unternehmen in der Produktion von Nutzfahrzeugen hat in einem nunmehr über drei Jahre andauernden Prozess flächendeckend agile Teams in der Montagesteuerung (und in weiteren Bereichen) etabliert. Hauptmotivation für diesen Schritt war, auf steigende Anforderungen nach spezifischen Kundenwünschen schnell und flexibel reagieren zu können. Das Unternehmen hatte erkannt, dass im harten Preiswettbewerb die einzige Möglichkeit, gegen die in Niedriglohnländern produzierenden Konkurrenten zu bestehen, darin lag, mit herausragender Kundenorientierung zu überzeugen. Die Kundenanforderungen, die zum Teil bis auf die individuelle Fertigung von Einzelfahrzeugen reichten, potenzierte die Komplexität des Montageprozesses dramatisch. Die Folge waren teilweise teure Bandstillstände, hohe Taktverluste, enorme Herausforderungen an das Know-how der Beschäftigten und häufige wie aufwendige Qualitätskontrollen und Nachbesserungen. Die Einführung agiler Teams sollte auf diese Anforderungen passende Antworten liefern.

Kern des agilen Arbeitens bei der Steuerung von Prozessen ist die Zusammenarbeit über die klassischen Bereichsgrenzen hinweg in einem Team. Dabei sind alle Funktionsbereiche eines Unternehmens, die für die Steuerung und Optimierung dieses Prozesses notwendig sind im Team mit Mitarbeitern vertreten. In dem von uns betreuten Projekt wurden agile Montagesteuerungsteams aus den Meistern der Montage sowie Fachleuten aus der Logistik, der Qualitätssicherung und der Planung gebildet. Das neu gebildete Team war für einen bestimmten Montagebereich zuständig. Das agile Team wurde keinem gemeinsamen Vorgesetzten unterstellt, jeder Mitarbeiter blieb seiner Abteilung und auch seinem Vorgesetzten zugeordnet. Das Team organisierte sich selbst, was in der durch starke Fachabteilungen geprägten Unternehmenskultur einer Revolution gleichkam. Erst im dritten Projektjahr vertraute uns einer der internen Stakeholder des agilen Projektes an, dass »uns das Experiment der Selbstorganisation anfangs viel an Vertrauen in unsere Mitarbeitenden abverlangt hat«. Doch es hat sich gelohnt, wie sich schnell zeigte.

Das agile Steuerungsteam

Gemeinsames Ziel des agilen Teams war es, die Montage optimal am Laufen zu halten. Es galt für das Teams stets die Herausforderung zu bewältigen, die Balance zwischen einer kurzfristigen (Was brauchen wir heute, damit der Laden läuft?) und einer mittel- bis längerfristigen Perspektive (Wie schaffen wir den Prozess zukünftig besser zu gestalten?) zu halten. Dies bedeutete für das Team alle operativen Fragestellungen zu bearbeiten (fehlendes Material, krankes Personal, neue Varianten, et cetera), aber auch Verbesserungen und Optimierungen an den Herstellungsprozessen und dem Produkt zu initiieren oder umzusetzen.

Dazu erhielt das agile Team eine weitreichende Entscheidungsvollmacht für ihren jeweiligen Bandabschnitt. Entscheidungen sollten gerade nicht mehr durch die Hierarchie in den Fachabteilungen abgestimmt und umgesetzt werden, weil dies in der Regel viel zu lange dauerte. Erwartung an die agilen Teams war es, schnell, vor Ort und sachkundig zu entscheiden und Maßnahmen umzusetzen.

Damit wurde auch ein in vielen Organisationen bekanntes Spiel obsolet, nämlich die Verantwortung für eine besonders begehrte Aufgabe dem anderen zuzuschieben. Die Frage, ob sich die Logistik um Ersatz für aus Qualitätsgründen gesperrte Teile kümmern müsse oder ob dies doch Aufgabe der Qualitätssicherung sei, stellte sich nicht mehr. Das Team stimmte sich dazu ab und steuerte die dazu notwendigen Maßnahmen.

Für den hier an das agile Team delegierten Prozess, die Montage am Laufen zu halten, gibt es natürlich in vielen Unternehmen eine gelebte Praxis aus voragilen Zeiten. Meist sieht das so aus, dass sich zwei gerade Betroffene abstimmen und Entscheidungen umsetzen, um die Bänder nicht anhalten zu müssen. Durch das agile Prozessmanagement gewinnt dieser vormals nicht explizierte Prozess aber ein vollkommen neues Maß an Strukturiertheit. Er ist nicht mehr vom Commitment einzelner Engagierter (beziehungsweise von Mitarbeitenden die gerade den höchsten Leidensdruck verspüren) abhängig und kann als etabliertes Prinzip dauerhaft schnelle Reaktionsgeschwindigkeit und Flexibilität sicherstellen.

Doch wie sieht das genau aus? Auf diese Frage soll in den nächsten Seiten Auskunft gegeben werden.

Bausteine agilen Prozessmanagements

Ein Kernelement des agilen Arbeitens, die empirische Steuerung, ist in jeder Produktion das Rückgrat des Tagesgeschäfts. Wo stehen wir? Was haben wir geschafft? Was ist zu tun? Das sind die täglichen Fragen, die sich ein Produktionsmeister stellt, wenn er seine Werkstatt organisiert. Neu ist beim agilen Herangehen, dass nun alle Fachbereiche dabei einbezogen werden.

Bausteine agilen Prozessmanagements

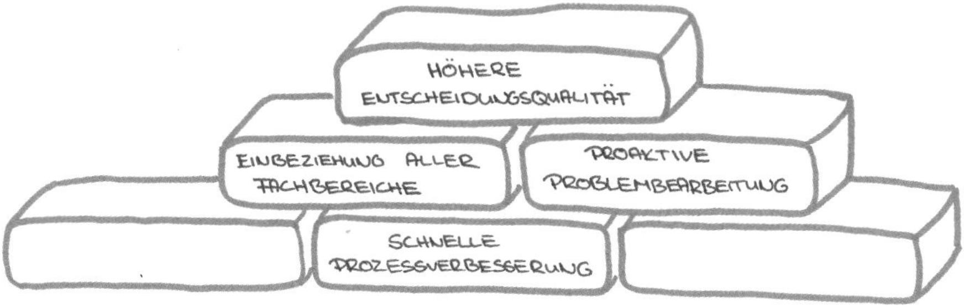

Eine begründete Hoffnung, die mit der partizipativen Einbeziehung aller betroffenen Fachbereiche in diese Entscheidungen verbunden ist, besteht in einer höheren Qualität der Entscheidungen. Ein Grund hierfür ist, dass die Konsequenzen der Entscheidungen ganzheitlicher betrachtet werden. Und daneben sollen durch das agil arbeitende Team vor allem die proaktive Problembearbeitung und die Verbesserung von Prozess und Produkt viel schneller und wirksamer werden.

Eine kritische Schlüsselstelle ist hier, dass die Mitglieder des Teams bei Entscheidungsprozessen ihren Fachbereich mit berücksichtigen, aber zugleich nicht als protektionistische Retter ihres Fachbereichs agieren (sollen). Maß für die Entscheidungsfindung ist stets das Gesamtziel »Montage am Laufen halten!«. Unterschiedliche Ziele aus den Fachabteilungen werden im Team zu unternehmerisch sinnvollen gemeinsamen Zielen zusammengeführt, falls es notwendig sein sollte, werden Probleme eskaliert. Hier treten auch unterschiedliche Ziele und Messgrößen für die Fachbereiche unmittelbar zu Tage. Wenn die Logistik an den Aufwänden für Sondertransporte gemessen wird, die Montage aber an der Termintreue, können schnell hitzige Diskussionen entstehen – etwa bei der Frage, wie mit einem Fehlteil umgegangen werden soll.

Tipp

Ein weiterer Fallstrick soll hier nicht unerwähnt bleiben: Anfänglich kann es sein, dass die Entscheidungen des Teams möglicherweise schlechter und weniger effizient sind, als es in voragilen Zeiten der Fall war. Hier gilt es, dem Team Vertrauen zu schenken. Es hat eine hochkomplexe Aufgabe zu bewältigen und mitunter dauert es eine Weile bis dieses eine Entscheidungsfindungskompetenz entwickelt hat. Im geschilderten Fallbeispiel aus der Montage zeigte sich nach anfänglichen Anlaufschwierigkeiten, bereits nach wenigen Wochen, dass die gemeinschaftliche Entscheidungsfindung dem old Way überlegen war.

Welche Aufgaben und Verantwortung landen nun eigentlich im agilen Team? Die anstehenden Aufgaben werden in einem Backlog transparent zusammengestellt und es wird im Team gemeinsam über die Abarbeitung entschieden. Dabei unterstützt ein Prozessverantwortlicher (Process Owner) das Team. Dieses entwickelt produktive Formen der Themenbearbeitung, der Entscheidungsfindung und der Überprüfung der Wirksamkeit von Ergebnissen. Abgearbeitete Themen und Erfolge werden visualisiert (vergleiche Kapitel 4.3), was erfahrungsgemäß neben Transparenz auch den Effekt hat, Quelle von Zufriedenheit und Motivation zu sein.

Für Abstimmungsprozesse verschiedenster Natur braucht das agile Team Zeit und Raum. In regelmäßigen Abständen hinterfragt es die Qualität und Wirksamkeit ihrer gemeinsamen fachlichen Arbeit und die Qualität ihres Zusammenspiels im Team. In unserem Fallbeispiel folgten solche Review-Runden anfänglich alle zwei Wochen, später wurde auf einen dreiwöchigen Turnus gewechselt. Daneben treffen sich die Mitglieder des Teams regelmäßig zu täglichen Abstimmung und wöchentlich zur gemeinsamen Auswertung der vergangenen und Planung der kommenden Woche. In der Regel sitzen die Mitglieder eines agilen Teams in einem gemeinsamen Arbeitsraum.

Was hat die Einführung agiler Teamarbeit am Ende des Tages eigentlich gebracht?

Blicken wir noch einmal auf unser Fallbeispiel aus der Montagesteuerung und stellen uns die Fragen: Wobei hat agiles Arbeiten geholfen? Wie arbeiten die agilen Teams und welche Probleme haben sich gezeigt? Dies soll hier anhand der Essentials agilen Arbeitens (vergleiche Kapitel 2) erläutert werden.

Die Kundenverbindung ist bei solch einem Team klar im Blick. Das Team ist dafür verantwortlich, dass die Monteure arbeiten können, dass Werkzeuge, Personal, Material und Informationen vorhanden sind. Der Kunde des Montage-Steuerungsteams unseres Fallbeispiels ist also die Werkstatt beziehungsweise die Mitarbeitenden, die die Montagetätigkeit ausführen. Dies ist unserer Erfahrung nach in vielen Unternehmenskulturen keine selbstverständliche Sichtweise. Gerade dort wo eine eher direktive Führungskultur etabliert ist, stellt diese Perspektive einen Schwenk um 180 Grad dar. Überspitzt formuliert werden so aus den vormals »Untergebenen« auf einmal »Kunden«.

Die konsequente Ausrichtung am Kunden kann natürlich noch ergänzt werden um den Endkunden, der ein qualitäts- und termingerechtes Fahrzeug erwartet und um die Eigentümer des Unternehmens, die eine kostengünstige Montage fordern.

Benefits agiler Teamarbeit

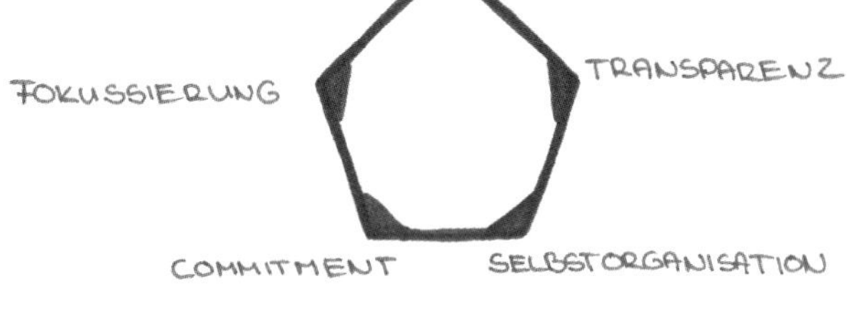

Weitere Erweiterungen des Scopes sind nicht nur denkbar, sondern auch realistisch: *So hat jüngst ein Unternehmen, in dem wir als Berater tätig waren die aus einer gesellschaftlichen Verantwortung resultierenden Anforderungen nach nachhaltiger und ressourcenschonender Produktion als Kundenanforderung aufgenommen. Kunde der Produktion war in dem Fall der Beauftragte für Corporate Social Responisbility (CSR), der die Anforderung nach möglichst umweltverträglicher Produktion, die ihren Niederschlag im Unternehmensleitbild gefunden hatte, einforderte.*

Tipp

Das Beispiel zeigt auch, dass die Erweiterung der Kundenverbindung oftmals notwendig ist und zugleich die Komplexität für das Team rasant erhöht. In der Praxis hat es sich daher bewährt eine Rolle zu etablieren, die diese unterschiedlichen Kundenanforderungen bündelt (zum Beispiel Product Owner).

Beim Thema »Fokussierung« bestehen sicher die größten Potenziale der agilen Arbeitsform. Bei der Steuerung und Optimierung der Montage kann beispielsweise durch die eigenverantwortliche Arbeitsweise der Teams eine wesentlich schnellere Lösung der priorisierten Probleme erflogen. Das Team stellt sicher, dass alle Fachabteilungen an den gleichen Themen mit derselben Dringlichkeit arbeiten. Dadurch wird Blindleistung vermieden, die in Statements wie diesen ihren Ausdruck finden: »Wir dachten, ihr braucht das nicht so schnell.« »Aus unserer Sicht ist das aber wichtiger!« Themen können so schnell zum Abschluss gebracht werden, es sind somit weniger Bälle gleichzeitig in der Luft.

Wichtige Voraussetzung hierfür ist es, dass das Team Zeit zur Verfügung hat, um sich gegenseitig voll über die Aufgaben und Herausforderung im eigenen Bereich in Kenntnis zu setzen. Volle Transparenz der Themen und Aufgaben ist Grundlage erfolgreicher Selbststeuerung. Diese darüber hinaus noch fachübergreifend herzustellen ist durchaus eine anspruchsvolle Teamaufgabe.

» Mit der Transparenz geht eine fundamentale Neuerung an die Haltung jedes einzelnen Teammitglieds einher: Denn alle Themen, die im Backlog als Teamaufgabe festgehalten sind, gehen mich auch etwas an. Im Umkehrschluss heißt dies, dass es keine Themen gibt, bei denen ich abseits stehe und mich raushalte.

Die Anforderung an jeden einzelnen im Team besteht darin, sich für alle Themen zumindest soweit zu interessieren, um darüber Bescheid zu wissen, worum es geht. Und dies ist durchaus sehr anspruchsvoll, wie wir regelmäßig an den Rückmeldungen von neuen agilen Teammitgliedern ablesen können. Anspruchsvoll auch deshalb weil dies bedeutet, dass mitunter mühsam errichtete und lange gepflegte Abgrenzungen in agil arbeitenden Teams aufgegeben werden müssen. Die Vorstellung eines klar abgegrenzten Jobs, in dem an jeder Stelle des Prozesses benennbar ist, wofür ich und wofür ich nicht zuständig bin, gilt in agilen Arbeitsweisen als überholt. Agiles Arbeiten wirkt entgrenzend, weil Grenzen meiner Fachlichkeit, meiner Abteilungslogik oder eines sonst wie errichteten Königreichs niedergerissen werden müssen. Im Idealfall führt dies zu einer wirklichen Teamverantwortung, weil alle im Team die Themen kennen, sich verantwortlich fühlen und an deren Bearbeitung mitwirken.

Praxis

Dabei spielt die Fokussierung wieder eine entscheidende Rolle. Und zwar geht es unserer Erfahrung nach vor allem um die Fokussierung des Teams als Ganzes, nicht so sehr um den Fokus für den einzelnen Mitarbeiter. Beispielsweise kann in einem agilen Team ein Arbeitsplaner nicht lange die Meinung vertreten, er habe seine Arbeit ja getan, der Plan sei fertig und müsse nun nur noch befolgt werden – auch wenn es in der Praxis zu erheblichen Schwierigkeiten mit diesem kommt. Der Planer hat nun ebenso mit den auftretenden Problemen des Tagesgeschäfts zu tun, denn die Teamaufgabe, die Montage am Laufen zu halten, ist mit der Fertigstellung eines Planes nicht erledigt. Probleme und Lösungssuche aus dem Alltagsgeschäft betreffen in agilen Teams alle und haben unmittelbaren Einfluss auf die

Arbeit, die sich als konstruktiver Beitrag zur Bearbeitung der Teamaufgabe versteht.

Es wird deutlich, dass hier auch Fragen des Commitments stark berührt werden. Dieses stellt eine wesentliche Komponente agilen Arbeitens dar. Denn in agilen Teams tut (im Idealfall) niemand mehr etwas, nur weil es der Chef angeordnet hat. Wie im Fallbeispiel der Montagesteuerung ausgeführt, hat dieses agile Team keinen gemeinsamen Chef mehr. Triebfeder und Motivationsquelle ist also nicht (mehr) die Weisung von oben, sondern das Commitment innerhalb des Teams: ein Commitment zu den Themen, an denen das Team gemeinsam arbeitet. Ein Commitment, das es dem Kunden gegenüber eingegangen ist. Und ein Commitment mit den Führungskräften.

Einen Effekt gilt es zum Thema »Transparenz und Fokussierung« allerdings unbedingt noch zu beachten: Es gleicht einer kleinen Kulturrevolution, wenn ein Team in seinem Backlog wichtige Themen aufführt (und für viele sichtbar macht), aber nicht an diesen arbeitet. Und zwar weil sie für diesen Zeitabschnitt keine Priorität haben. Dies ist im klassischen Unternehmen nicht üblich, eigentlich sogar direkt verboten. Hat man ein Problem erkannt, dann werden dazu Maßnahmen vereinbart und abgearbeitet. Und zwar sofort. Zumindest auf dem Papier. Auch wenn die Bearbeitung noch so zeitraubend und damit kostenintensiv ist. Hier ist der agile Ansatz wesentlich pragmatischer. Nichtsdestotrotz bedeutet die bewusste Entscheidung, ein erkanntes Thema liegen zu lassen, weil es aus Sicht des Teams gerade nicht dran ist, oftmals eine Spannung, die es auszuhalten gilt. Dies stellt wohl die meisten Organisationen vor eine (aus unserer Sicht vielversprechende) Lernaufgabe.

Ein wichtiger Punkt bei der Bearbeitung der Themen ist es an der Schnittstelle zwischen Transparenz und Selbstorganisation, die Besprechungen so zu organisieren, dass im Team Transparenz über die Aufgaben herrscht, aber zugleich die Detailbearbeitung derselben nicht in der Runde des gesamten

Tipp

Teams erfolgt. So gilt es immer wieder zu fragen, ob wir an der Lösung arbeiten (und da sollten nur die dabei sein, die einen Beitrag leisten können) oder ob wir Transparenz herstellen beziehungsweise Ideen sammeln.

Damit entsteht eine enorme Herausforderung an die Selbstorganisation des Teams und an seine Konfliktlösungskompetenz. Die zentrale Änderung für die Mitarbeiter im agilen Team besteht darin, dass es nicht mehr den einen Chef gibt, der (als letzte Instanz) Probleme für diese löst oder anfängt zu arbeiten, wenn es nicht mehr weitergeht. Jedes einzelne Teammitglied wird nun sowohl in seiner Fachlichkeit aber auch in seiner Persönlichkeit mehr gefordert: »Ich muss entscheiden ich sage im Team, was fachlich zu tun ist.« Damit wächst auch die Anforderung an die einzelnen Vertreter ihrer Fachabteilung, als Fachmann Stellung zu beziehen. Und als Mitglied eines agilen Teams darauf zu achten, zusätzlich in der jeweiligen Fachabteilung vernetzt zu bleiben.

Die Umsetzung ...

Bei der Einführung des agilen Montagesteuerungsteams machten wir sehr schnell die Beobachtung, dass die Mitarbeiter immer wieder beklagten, dass sich keiner um diese kümmere, es nicht interessiere, welche Probleme diese haben. Dies war für uns besonders deshalb verwunderlich, weil diese sowohl durch uns als externe Prozessbegleiter als auch durch die Führungskräfte begleitet wurden.

Praxis

Eine nähere Betrachtung des Sachverhalts brachte uns dazu von unserem ersten Impuls, den agilen Teams mehr Aufmerksamkeit zu schenken, ab und wir konnten auch die Führungskräfte davon überzeugen, sich nicht weiter in die Angelegenheiten der agilen Teams zu involvieren. Denn was wir erlebten war eine typische Umstellungssituation: Durch die neu eingeführte agile Struktur konnten Probleme zwischen den Fachbereichen nicht mehr auf dem gewohnten Wege der Eskalation durch die Leitungsebene gelöst werden. Die neuen Handlungsspielräume zur Problemlösung, waren zu dem Zeitpunkt noch nicht von den agilen Teams genutzt worden.

Denn das agile Arbeiten im Team bedeutete als Team Verantwortung für die Aufgabe zu übernehmen und Entscheidungen zu treffen, was vorher stets Aufgabe des Abteilungsleiters gewesen war. Nun diese Verantwortung zu übernehmen war ein schrittweiser Lernprozess, der ab dem Zeitpunkt einsetzen konnte, als für die Teammitglieder klar war, dass es ernst ist: Die Abteilungsleiter werden sich nicht mehr in die Probleme des Tagesgeschäfts involvieren!

Am Rande erwähnt sei, dass es auch für die Abteilungsleiter eine Herausforderung war, die im Tagesgeschäft auftauchenden Probleme nicht mehr als strategisch bedeutsam zu priorisieren. Denn auch die Abteilungsleiter haben früher viel lieber ein aktuelles Tagesproblem gelöst und sind mit dem gutem Gefühl nach Hause gegangen, heute wieder zwei Feuer gelöscht zu haben, als ihrer eigentlichen Aufgabe nachzugehen, nämlich Strategie und Zukunftsentwürfe zu entwickeln, also – um in diesem Bild zu bleiben – Brandschutz zu betreiben.

Die Herausforderung für das Team und die Mitarbeiter besteht darin, sich den Themen selbst zu stellen, als Team tatsächlich verschiedene fachliche Perspektiven einzunehmen und Interessen miteinander abzuwägen und zu diskutieren. In der klassischen Organisation wurden solche Fragen oft die Hierarchie hoch und runter delegiert. Voraussetzung dafür, dass die agilen Teams ihre neuen Gestaltungsmöglichkeiten und -notwendigkeiten sehen und einsetzen konnten, war, dass jedes Teammitglied in der absoluten Gewissheit handeln konnte: Meine Fachabteilung steht hinter mir! Die Mitarbeitenden bekamen also von ihrer Fachabteilung die Handlungsfreiheit aus der fachlichen Sicht heraus zu agieren und hatten auch die Kompetenzen dazu.

Diese hohen Anforderungen führen die einzelnen Teammitglieder und das Team als Ganzes an seine Grenzen: Grenzen der Kompetenz, der Komplexität, der Abschätzung der Konsequenzen von Entscheidungen, et cetera. Vorneweg sei erwähnt, was sich nicht bewährt hat, um mit diesen Herausforderungen umzugehen, nämlich über dem agilen Team ein agiles Team aus Führungskräften einzusetzen. Diese (möglicherweise naheliegende) Lösung führte zum alt bekannten Spiel kritische Entscheidungen in der Hierarchie immer weiter nach oben zu delegieren bis diese nicht mehr auf einer an den Notwendigkeiten des Tagesgeschäfts ausgerichteten Weise, sondern im feinen Ränkespiel mikropolitischer Verflechtungen gelöst wurden. Dieser Lösungsweg brachte also im Vergleich zur klassischen Hierarchie keinen Gewinn.

Tipp

Bewährt hat sich dahingegen eine eigene Rolle als Betreuer (oder Paten) des Teams einzusetzen. In unserem Fall war diese eine Mischung aus den Rollen des aus dem agilen Framework Scrum bekannten Product Owner und des Scrum Masters. Dieser sollte Führungskraft sein, idealerweise aber nicht genau für diesen Bereich eine fachliche Zuständigkeit haben. Hauptsächlich hat er die Weiterentwicklung seines Teams im Blick und interveniert bei Bedarf. Dabei geht es vor allem um Fragen der Teamentwicklung: Wie kann ich die Entscheidungskompetenz meines Teams befördern? Welche Kompetenzen fehlen? Er versteht sich als Enabler, Berater und Diskussionspartner zugleich. In methodischen Fragen stellt er die (in der Regel letzte) Eskalationsinstanz dar. Die für die kontinuierliche Weiterentwicklung des Teams und des Arbeitsprozesses so wichtigen Team Reviews und Retrospektiven werden nicht ohne ihn durchgeführt. Oftmals übernimmt er hier die Rolle eines Moderators. Das Team kann ihn zudem bei Bedarf zu seinen Besprechungen hinzuziehen.

Der Pate

Daneben besteht seine Aufgabe darin, für das Team die geplanten Ergebnisse und Formen der Ergebnismessung mitzubestimmen. Falls das Team fachlich oder inhaltlich nicht dazu in der Lage ist, priorisiert er die Aufgaben des Teams im Sinne des Gesamtbildes in Zusammenarbeit mit den Linienführungskräften und den Betreuern der anderen Teams.

4.
Agile Werkzeuge und Praktiken

Einige der nachfolgend vorgestellten Werkzeuge werden Ihnen wahrscheinlich bekannt vorkommen: das zeitnahe Feedback etwa oder die Visualisierung. Sind das nicht längst etablierte Tools, also Business as usual, werden Sie sich fragen. Und was hat das mit agilen Teams zu tun?

Sie haben einerseits recht. Natürlich handelt es sich – zumindest bei den oben genannten Werkzeugen – um bewährte Tools, die seit Jahren fester Bestandteil etwa von Gruppen- und Teamarbeit sind. Doch andererseits, so haben wir in der Praxis immer wieder erleben müssen, reicht es nicht aus, diese Tools einfach eins zu eins zu übertragen um agile Teamarbeit zum Fliegen zu bringen. Ein Werkzeug ist ein Hilfsmittel, das je nach Einsatzfeld unterschiedlich verwendet werden muss. Betrachten wir als Beispiel den altbekannten Hammer. Ob ich diesen zum Abtragen von Schiefergestein in einem Bergwerk, zur Bearbeitung einer Holzskulptur oder einfach nur um einen Nagel in die Wand zu schlagen verwende, erfordert eine sehr unterschiedliche Verwendung dieses Arbeitsmittels. Die filigrane Arbeit eines sich kunstvoll betätigenden Holzschnitzers, benötigt ein anderes Feingefühl, als wenn es darum geht, Gesteinsschichten abzutragen. Mitunter unterscheiden sich auch das Werkzeug »Hammer« als solches sehr vom Anwendungskontext. Ein Hammer kann manuell, maschinell oder in einem Hammerwerk betätigt werden. Das Werkzeug ist der Hammer und doch liegen Welten zwischen den Arten und Möglichkeiten, die in deren Gebrauch stecken.

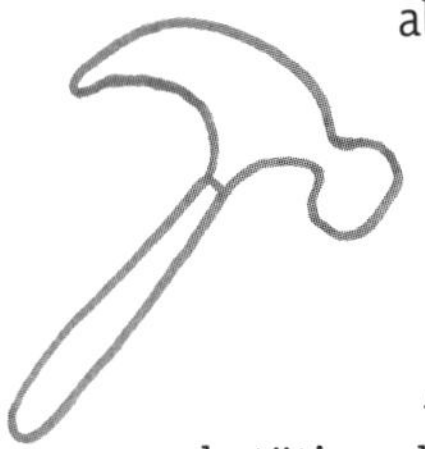

Und ganz ähnlich verhält es sich bei der agilen Teamarbeit. Die hier vorgestellten Werkzeuge gewinnen ihre Schlagkraft erst dadurch, dass sie an die Bedingungen und Besonderheiten des agilen Anwendungskontextes angepasst werden. Wie der Hammer im Falle dieses Einsatzfeldes aus unserer Sicht optimale Verwendung findet, welches Feingefühl und welche kritischen Erfolgsfaktoren zu beachten sind, erfahren Sie in diesem Kapitel.
Viel Spaß dabei, ihre Werkzeuge neu zu entdecken.

4.1 Timeboxing

Klingt einfach, fast banal, ist es aber in der Praxis keineswegs: Eine Timebox ist ein fester Zeitrahmen für eine Aktivität, der ohne Wenn und Aber eingehalten wird. Wenn das festgelegte Zeitfenster verstrichen ist, wird die Aktivität also beendet – und zwar auch dann, wenn das angestrebte Etappenziel im Projekt noch nicht erreicht ist oder wenn in der Besprechung noch nicht jeder alles gesagt hat, was ihm wichtig erscheint. Aus diesen Beispielen entnehmen Sie vielleicht schon, dass der Gegenstand des Timeboxing in der agilen Teamarbeit ganz unterschiedlich sein kann – das Prinzip und der Pfiff dabei bleiben jedoch stets die gleichen.

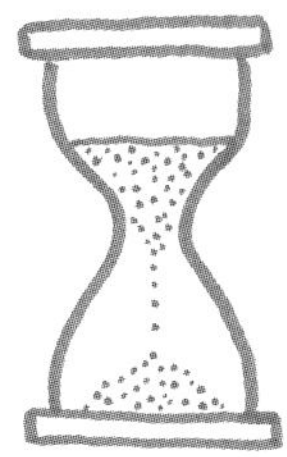

Wer jetzt einwendet, ein solches Timeboxing sei doch eigentlich nicht mehr als die Tugend eines pünktlichen Abschlusses wie vereinbart, der möge sich bitte kurz fragen, ob ihm nicht doch Folgendes vertraut vorkommt: Trotz aller guten Vorsätze und Vereinbarungen wird ein Meilenstein im Projekt kurzfristig verschoben, weil der erreichte Arbeitsstand eine Bewertung nach den festgelegten Kriterien doch noch nicht zu erlauben scheint. Oder das aktuelle Meeting wird zähneknirschend ein viertel oder halbes Stündchen über das vereinbarte Ende hinaus verlängert, weil man eben doch noch nicht alle wichtigen Punkte auf der Agenda hat behandeln können. Alles nicht so schlimm, meinen Sie?

Damit ist jedenfalls Schluss, sobald die agile Teamarbeit beginnt. Und die positiven Auswirkungen des konsequenten Timeboxing überzeugen nach der ersten Eingewöhnung meist auch den letzten Zweifler. Jedem dürfte schließlich schon mal aufgefallen sein, wie fokussiert und effektiv gearbeitet oder diskutiert wird, sobald das fixe Ende in überschaubare Nähe rückt. Für Ablenkungen, das kleine »Mach mal eben!« des Kollegen nebenan oder die kleine Trödelei zwischendurch ist man dann weit weniger empfänglich. Und dieser Effekt von Verbindlichkeit und Fokussierung auf das jetzt Notwendige kommt durch Timeboxing in der agilen Teamarbeit richtig zum Tragen, sobald alle Beteiligten erkannt haben, dass es wirklich ernst gemeint ist. Ein weiterer Vorteil des Timeboxing zeigt sich erst auf mittlere Sicht: Durch zeitliche Etappen mit konstanter zeitlicher Länge und überschaubarer Dauer wird für das agile Team leicht erkennbar, wie sich Effizienz und Produktivität entwickeln. Das Team selbst merkt zuerst, ob die Leistungsfähigkeit und damit auch das Tempo des Vorankommens gleich bleibt, steigt oder etwa zurückgeht. Diese Geschwindigkeit des Teams wird in der agilen Welt häufig als »Velocity« bezeichnet und regelmäßig gemessen.

Wie oben bereits erwähnt, wird das Prinzip des festen Zeitfensters, das Timeboxing in der Arbeit mit agilen Teams auf ganz unterschiedlichen Ebenen angewendet. Der Sprint eines Scrum-Teams, also der zwei- bis vierwöchige Zeitraum zwischen der Sprint-Planung und dem Sprint-Review (Einzelheiten finden Sie im Kapitel 3.1) ist nur eine davon.

Ebenso wirksam und notwendig ist das Timeboxing in der Regelkommunikation des agilen Teams: Kein Meeting ohne Timebox. So dauert das tägliche Stand-up-Meeting im Scrum-Team, meistens schlicht als Daily bezeichnet, nie länger als fünfzehn Minuten – und das ist auch gut so. Vor dem Start der agilen Teamarbeit wird oft kontrovers diskutiert, ob man überhaupt in so kurzer Zeit jeden im Team zu Wort kommen lassen kann, mit den wichtigsten Info zum gestrigen Tag, zu dem was heute dran ist und zu den Hindernissen, die im Wege stehen. Bereits nach wenigen Wochen stellen dann die meisten Teams überrascht fest, dass es mitunter sogar gelingt, nach zehn oder zwölf Minuten mit dem Daily fertig zu sein – wenn man sich nur fokussiert austauscht und alle inhaltlichen Diskussionen an den passenden Ort und Zeitpunkt adressiert. Gleiches wie hier gilt bei der Festlegung und konsequente Einhaltung einer passenden Timebox für das Planungsmeeting am Anfang jedes Sprints sowie das Review und die Retrospektive danach.

Die Dauer des Scrum-Meetings

EVENT	4 WOCHEN	3 WOCHEN	2 WOCHEN	1 WOCHE
PLANUNG	8STD	6STD	4STD	2STD
DAILY SCRUM	15 MIN	15 MIN	15 MIN	15 MIN
REVIEW	4STD	3STD	2STD	1STD
RETROSPEKTIVE	3STD	2.25 STD	1.5 STD	.75 STD

Und schließlich lässt sich das Prinzip des agilen Timeboxing auch auf ein ganzes Projekt anwenden: Nicht das Ergebnis wird im Vorhinein im Detail festzulegen versucht, sondern der Zeitrahmen und die zur Verfügung stehenden Ressourcen, also vor allem das Team mit seinen Kompetenzen und Kapazitäten. Mit diesen Ressourcen wird das agile Team dann mit seinem iterativen Vorgehen in enger Verbindung zum Kunden dasjenige Ergebnis mit dem bestmöglichen Nutzen für den Kunden erarbeiten. Wie genau dieses Ergebnis am Ende aussehen wird, das soll und kann aber bei dieser agilen Projektarbeit gerade nicht bereits von Anfang an und haargenau festgeschrieben werden.

Aus dem Alltag der Projektarbeit ist Ihnen möglicherweise eine ähnliche, eher unbeabsichtigte Auswirkung dieses Prinzips bekannt. Das zeigt sich dann bisweilen so, dass bei fortgeschrittener Projektlaufzeit und einer sich allmählich einstellenden Ernüchterung über die Ferne der anfänglich so enthusiastisch formulierten Ziele kurz vor Toresschluss ganze Aufgabenpakete gestrichen werden, um doch noch einen gewissen Erfolg über die Ziellinie zu retten.

Grundsätzlich erscheint das als ein zumindest pragmatisches und daher auch recht verbreitetes Vorgehen.

» Agile Methoden geben diesem Prinzip aber noch einmal eine andere Färbung und schaffen es, die Not in eine Tugend zu verwandeln. Hierbei spielt eine zentrale Rolle, dass für jede Iteration das Prinzip des Timeboxings angewandt wird.

Was heißt das ganz praktisch? Ein gut organisierter und zeitgemäßer Arbeitsprozess, sei es in der Produktion, im Dienstleistungs- oder Non-Profit-Bereich, muss eine sinnvolle Balance zwischen Qualität, Kosten und verfügbarer Zeit finden. Diese unterschiedlichen Gesichtspunkte werden häufig auf unterschiedlichen Abteilungen und fachliche Logiken verteilt. »Also als Ingenieur bin ich fachlich-technisch von dieser Lösung noch nicht komplett überzeugt.« »Die Controller haben ja nur ihre Kosten vor Augen.« »Die Kollegen aus der Verwaltung brauchen für das Zuliefern der Daten einfach zu lange.« Sätze wie diese zeugen davon, dass vor allem ein spezifischer Blickwinkel auf die Arbeit geworfen wird.

Diesem einseitigen Denken setzt agiles Arbeiten eine ganzheitliche Betrachtung entgegen, und zwar ständig, in jeder einzelnen Iteration. Denn das grundsätzliche Dilemma zwischen verfügbarer Zeit, notwendiger Lösungsqualität und Kosten wird in jeder einzelnen Arbeitsschleife durch das Timeboxing deutlich gemacht. Was ist damit gemeint?

Ein einfacher, aber entscheidender Mechanismus sorgt dafür, dass Teams das bestmögliche Ergebnis erzielen: Die für die Bearbeitung des Ziels zur Verfügung stehende Zeit (= Dauer einer Iteration) sowie Ressourcen (werden vor der Iteration festgelegt) stehen fest. An diesen kann nicht mehr gerüttelt werden. Als mögliche Stellschraube kommt nur noch die Modifikation des Arbeitsergebnisses in Betracht. Die Komplexität in der Abwägung zwischen Ressourcen, Zeit und Qualität wird beherrschbar indem zunächst nur an einer Variable etwas geändert werden kann. Das Team bewertet die erreichbare Lösungsqualität vor dem Hintergrund der verfügbaren (knappen) Zeit.

Da die Iteration bewusst kurz angesetzt wurde, steht das Team stets vor der Anforderung Entscheidungen zu treffen, um das bestmögliche Arbeitsergebnis zu erzielen. Das Team übernimmt Verantwortung und trifft Entscheidungen, zugleich wird es aber auch davon entlastet, dass diese Entscheidungen unerwünschte bis bedrohliche Konsequenzen für das Gesamtziel haben. Denn ein Feedback darüber ob die Ergebnisse sich noch mit den Kundenanforderungen decken, erfolgt (bestenfalls) nach jeder Iteration. So sind kurzfristige Kurskorrekturen möglich, bevor bereits mehrere Meilen in der falschen Richtung zurückgelegt wurden. Ein Entwickler beschrieb die Veränderung für seinen Arbeitsprozess wie folgt: »Zwar müssen wir uns als Team nun immer wieder den Kopf zerbrechen, wie wir das in der Zeit noch hinkriegen, aber die Angst von früher, dass eine Entscheidung irgendwann am Ende des Entwicklungsprozesses wieder hoch ploppt und fatale Konsequenzen nach sich zieht, die habe ich nun nicht mehr. Und das ist Gold wert und lässt mich ruhiger schlafen!« Das Prinzip der kurzen Feedbackschleifen ermöglicht also, das Verhältnis zwischen Ressourcen, Zeit und Qualität stets im Blick zu behalten. Ein wesentlicher Kostentreiber, nämlich das verzögerte Abschließen von Arbeitsergebnissen wird hier präventiv entschärft.

Zitat

4.2 Zeitnahes Feedback

Feedback – wenn es im agilen Kontext Verwendung findet – sollte auf zumindest zwei Ebenen unterschieden werden. Zum einem stellt agiles Arbeiten im Team besondere Rahmenbedingungen zur Verfügung, die es ermöglichen Feedback zeitnah, effizient und kontinuierlich zu organisieren. Zum anderen braucht es neben dieser Struktur auch eine gelebte Feedbackkultur, in der der Einzelne Feedback als essenzielles Arbeitsmittel und nicht nur als nice to have begreift.

These

Aus unserer Sicht müssen sich Teams zu Beginn ihrer Agilwerdung klar machen, dass agiles Arbeiten eine neue Form der Feedback-Kultur erfordert. Feedback wird leider vielfach immer noch als etwas verstanden, das man sich bei Bedarf abholen kann. Und auf das, wenn gerade keine Zeit dafür ist, auch verzichtet werden kann. Genau hierin besteht die wesentliche Änderung, die eine agile Feedbackkultur mit sich bringt: Feedback ist unverzichtbarer Bestandteil der Arbeit. Er ist essenziell dafür, dass das Team überhaupt funktionieren kann. Dafür dass es weiß, ob es in die richtige Richtung arbeitet, ob er eigentlich noch die Kundenanforderungen im Fokus hat. Feedback hilft dem Team dabei, sich kontinuierlich weiterzuentwickeln und die Prozess- und Ergebnisqualität zu erhöhen. Es reicht nicht aus, einmal jährlich ein (verpflichtendes) Mitarbeitenden-Gespräch zu führen und dies dann als gelebte Feedbackkultur zu bezeichnen.

> Feedbackgeben und Feedbackerhalten ist ein kontinuierlicher Bestandteil des Arbeitsprozesses und fester Rollenbestandteil eines jeden Teammitgliedes.

Übrigens drückt sich diese existenzielle Bedeutung von Feedback besonders gut in dessen englischer Wortwurzel aus. Feed-back setzt sich aus to feed »füttern, ernähren« und back »zurück« zusammen. Es geht also beim Prozess des Feedback-Gebens darum, meinem Gegenüber etwas Nahrhaftes ja Lebensnotwendiges zurückzugeben, ohne das er nicht weitermachen kann (Futter, Nahrung). In der deutschen Übersetzung »Rückmeldung«, etwas technischer gefasst auch »Rückkopplung« verliert diese treffliche Vorgangsbeschreibung leider an Kontur.

Feedback-Schleifen

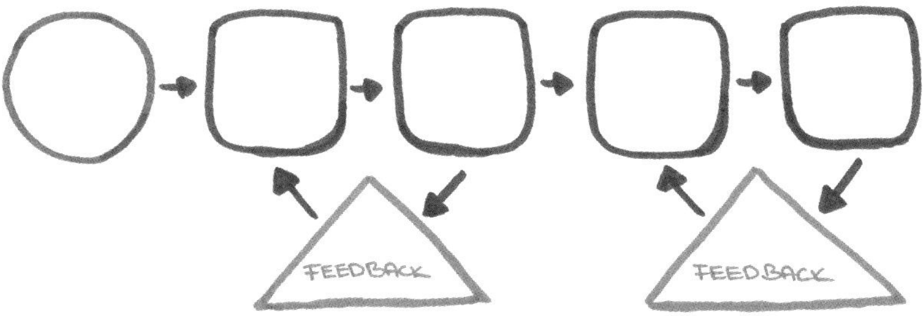

Feedback ist auch nicht mit Kritik zu verwechseln. Es geht dabei nicht darum Fehler aufzuzeigen, sondern unterschiedliche Betrachtungsweisen offenzulegen (Ich habe die Aufgabe so verstanden? Wie siehst du sie?) und mögliche Reibungsverluste oder Blindleistungen zu vermeiden. Feedback bedeutet auch zu seinem Commitment zu stehen: Rechenschaft darüber abzulegen, was etwa in einem Sprint erreicht wurde. Nicht mit dem Blick Zielabweichungen zu bestrafen, sondern dafür zu sorgen, die bestmöglichen Voraussetzungen zu schaffen, um mein Commitment einlösen zu können. Mögliche Störquellen abzustellen oder realistischere Ziele entwickeln zu können.

Um Feedback als Teil der Alltagsroutine zu verankern wurden verschiedene Rahmenbedingungen geschaffen, die Möglichkeit zur Rückmeldung geben und zwar

- an jedem Tag in Form von Daily Meetings und
- am Ende einer Iteration (Retrospektive und Review-Meeting).

Der tägliche Austausch des Teams wird in sogenannten Daily Meetings (meist morgens vor Beginn der Arbeit) organisiert. Diese haben einen festen zeitlichen Rahmen, der nicht überschritten wird (meist 15 Minuten). Die Kunst besteht darin, in diesem Meeting wirklich nur das zu besprechen, das für den heutigen Arbeitstag zentral ist, den Fokus auf das Wesentliche zu legen. Zwar ist in diesen Meetings kein Raum sich etwa ausführlich Rückmeldung über den Arbeitsprozess zu geben, aber trotzdem geht es hier um einen existenziellen Austausch im Sinne der oben beschriebenen Wurzel des Wortes »feedback«. Denn in diesen Meetings wird das besprochen, was für den heutigen Tag zentral ist (Wer fehlt? Wo klemmt es und wer ist zuständig für die Beseitigung?). Somit befindet sich das Team bereits in diesen Daily Meetings mitten im Prozess, sich die Nahrung (in Form von wichtigen Informationen) zu holen und zu geben, die es braucht um arbeitsfähig zu sein.

In regelmäßig stattfindenden Feedbackschleifen am Ende einer Iteration werden die Ergebnisse (Was ist in den letzten zwei Wochen herausgekommen?) und in der Retrospektive die Prozesse (Wie ist es gelaufen?) betrachtet. Ein besonders effektiver Kniff besteht bei agilem Arbeiten darin, die Rückschau auf die Ergebnisse klar von der Prozessauswertung zu trennen. Beide Aspekte werden in voneinander getrennten Meetings, nämlich dem Review Meeting (Ergebnissicht) und der Retrospektive (Prozesssicht) besprochen. Hintergrund hierfür ist die Erfahrung, dass meist beide Ebenen bei Projektauswertungen vermischt werden, mit der Folge, dass sich Meetings stark in die Länge ziehen, hitzige Debatten entstehen und schließlich für die wertvolle Auswertung und Verbesserung der Zusammenarbeit im Team und darüber hinaus dann am Ende des (timeboxed!) Meetings leider keine Zeit mehr bleibt. Ein weiterer Effekt dieser regelmäßigen Feedbackschleifen ist, dass durch eine kontinuierliche Abschätzung, was realistischerweise machbar ist, ein böses Erwachen in fortgeschrittener Projektphase verhindert wied. So wird der oben dargestellten Form des Timeboxing im Sinne einer Radikal-Abspeckkur der Anforderungsliste vorgebeugt.

Die kontinuierliche Rückschau auf die Iteration ermöglicht aber nicht nur vorzeitiges Einschätzen von Zielabweichungen, sondern ermöglicht vielfältige Lernprozesse, das schnellere Bergen von Verbesserungspotenzialen und die Entwicklung von gemeinsamen mentalen Modellen vom Arbeitsprozess. So kann beispielsweise die gemeinsame Abschätzung der benötigten Kapazitäten für die Entwicklung eines Teilprodukts als guter Prüfstein dienen, ob der Auftraggeber (Product Owner) und das Team die gleiche Vorstellung von den Inhalten einer Aufgabe haben. In der Praxis zeigte sich, dass, wenn diese Schätzungen weit auseinander lagen, in der Regel die Aufgabe nicht klar genug beschrieben war. Durch die Aufteilung der Arbeit in einzelne Pakete und die Pflicht zur Berichterstattung in festgelegten Rhythmen kann der Product Owner gut verfolgen, ob die Entwicklung noch an den Kundenbedürfnissen ausgerichtet ist. Dies verhindert auch, dass Teams Features für das Produkt entwickeln, die für eine Erfüllung der Anforderungen nicht zwingend notwendig sind.

4.3 Visualisierung

Visualisierung – also die wichtigen Dinge sichtbar zu machen – das klingt nun wahrlich nicht nach einer neuen Erfindung aus der agilen Welt. Wer heute etwa durch eine moderne Fabrik läuft, der wird sich über fehlende Visualisierungselemente wohl kaum beklagen – eher im Gegenteil: Jede noch so kleine verfügbare Wandfläche ist mit Kennzahlen, Boards und plakativen Leitbildsprüchen tapeziert. Nicht sehr verwunderlich also, dass viele der dortigen Akteure zumindest hinter vorgehaltener Hand über die immer weiter steigende Komplexität und kaum noch überschaubare Informationsflut an den Wänden schimpfen. Manchmal könnte vielleicht auch weniger mehr sein, geht da wohl so manchem durch den Kopf.

Und tatsächlich: Genau an dieser Stelle setzt die Visualisierung für agile Teamarbeit an. Nur das wird sichtbar gemacht, was tatsächlich von Bedeutung für die eigene tägliche Arbeit oder für die Abstimmung im agilen Team ist. Und noch ein Unterschied zu all dem, was man sonst so als Visualisierung geboten bekommt: Visualisierung wird nicht von Experten für Kommunikation oder Controlling gemacht, sondern wir machen sie selbst im agilen Team.

These

Diese Forderung stößt in unseren Projekten zur Einführung von agiler Teamarbeit regelmäßig erst mal auf Verwunderung – und dann wird kontrovers diskutiert: Im Zeitalter von Industrie 4.0 und Digitaler Revolution können Sie doch nicht ernsthaft vorschlagen, dass die agilen Teams mit analogen Klebezetteln oder bunten Kärtchen an einer althergebrachten Wandtafel hantieren?

Doch, das meinen wir nicht nur völlig ernst, auch die Praxis in vielen Unternehmen zeigt es immer wieder: Gerade für den Einstieg in das agile Arbeiten, um sich das Handwerkszeug anzueignen und damit vertraut zu werden, gibt es nichts Besseres als ein Team Board oder eine Wandtafel, die sich anfassen, eigenhändig aktualisieren und bei Bedarf an die eigenen Bedürfnisse anpassen lässt. Jede Software, jeder interaktive Monitor lenkt dagegen erstens von der Sache ab und baut zweitens Unterschiede im Team auf, die wir gerade in der sensiblen Startphase nicht haben wollen.

Welche Unterschiede denn, werden Sie sich fragen. Am praktischen Beispiel lässt es sich gut nachvollziehen: Der agile Coach kennt sich mit der Bedienung der Soft- und Hardware bereits aus, denn er hat ja bereits einige andere Teams begleitet und davor sogar eine externe Schulung besucht. Für die Mitglieder des neuen agilen Teams dagegen sind die Technik und ihre Bedienung zunächst noch völlig neu, oder einer kennt sie schon und der andere noch nicht. Was also liegt näher, als dass der agile Coach die Technik während der Team-Meetings bedient – schließlich gehört die Unterstützung des Teams ja zu seinen vornehmsten Aufgaben. Damit allerdings ist schon fast vorhersehzusagen, das zumindest ein Teil der Teammitglieder sich eher zurücklehnen wird und das neue Team Board samt seiner Software als Werkzeug des agilen Coaches erleben, aber eben nicht selbst zugreifen und es sich zu eigen machen. Auf den Punkt gebracht: Zumindest für die Startphase immer mit haptisch greifbaren, anfassbaren Visualisierungstools arbeiten und die Auswahl samt Einführung einer geeigneten Software parallel vorbereiten, aber nicht sofort damit starten.

Und was genau wird da nun visualisiert im agilen Team? Weniger ist mehr – oder anders formuliert: So wenig wie möglich und nur so viel wie nötig.

Beispiel eines agilen Team-Boards

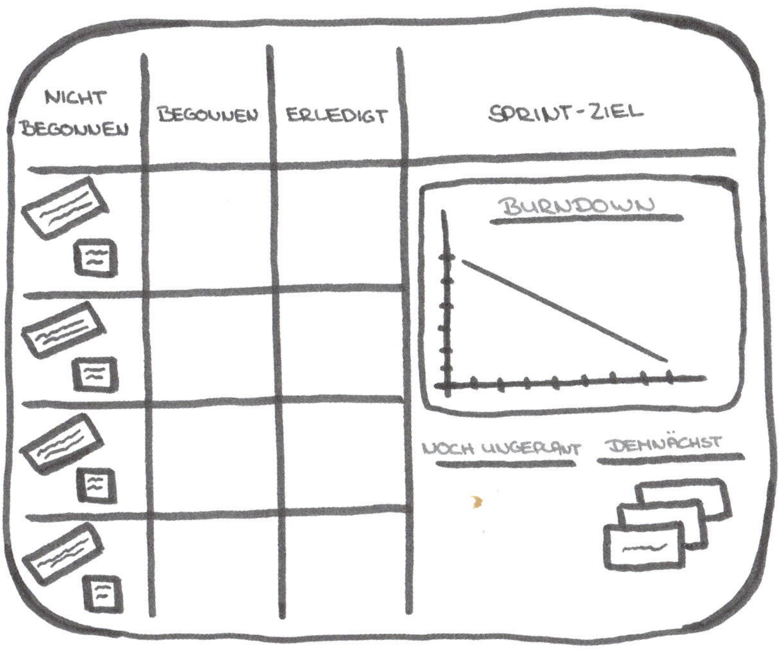

Tipp

Das agile Team und auch jedes einzelne Teammitglied braucht vor allem den Überblick, woran gerade gearbeitet wird, was noch ansteht in der laufenden Iteration (Sprint, Etappe) und was bereits abgeschlossen ist. Das sichtbar zu machen, ist nun wahrlich keine Hexenwerk: Eine große Tafel (circa zwei mal drei Meter) mit den drei Spalten »nicht begonnen«, »in Arbeit« und »erledigt«, dazu noch ausreichend große Klebezettel und deutlich schreibende Filzschreiber – fertig ist die Laube beziehungsweise das agile Team Board.

Dieses Team Board entwickelt sich, einmal am richtigen Ort platziert, binnen kurzer Zeit zum Ort des Austauschs und der Abstimmung im agilen Team. Das Daily Meeting findet im Halbkreis vor der Teamtafel statt, und anhand der für alle sichtbaren Aufgabenzettel stellt jeder kurz vor, woran er gestern gearbeitet hat und heute arbeitet. Zugleich wird das Board während des Meetings quasi in Echtzeit aktualisiert indem jeder Aufgaben, die er seit dem letzten Meeting begonnen oder abgeschlossen hat, um eine Spalte weiter nach rechts rückt. So bietet das Team Board jederzeit eine aktuelle Übersicht über den Arbeitsstand des Teams in der laufenden Iteration, was der Transparenz als Essential der agilen Teamarbeit (vergleiche oben in Kapitel 2.2) sehr zugute kommt.

Praxis

Die eben schon im Nebensatz erwähnte Sache mit dem richtigen Ort für das Board ist bisweilen allerdings nicht ganz trivial, wie folgende Geschichte aus der Praxis zeigt: Die neuen Boards waren bestellt und sollten nächste Woche geliefert werden, und der Facility Manager erkundigte sich schon mal bei den neu gebildeten agilen Teams nach dem Ort der Anbringung. Da stellte eines der Teams fest, dass es angesichts vieler Schreibtische im eigenen Teambüro keine passende Wandfläche gab, vor der man sich auch noch in einer Art Halbkreis hätte zum Meeting aufstellen können. Na dann, so die Entscheidung, hängen wir unser Board doch in den ausreichend breiten Flur unmittelbar gegenüber der Tür zum Teambüro. Gesagt, getan – und auch die ersten Stand-up-Meetings verliefen ganz erfolgreich. Nach einigen Wochen allerdings fiel auf, dass externe Besucher ebenso wie Kollegen aus ganz anderen Bereichen des Unternehmen sich im Vorbeigehen quasi magisch angezogen fühlten von dieser neuartigen, vermeintlich geheimnisvollen Teamtafel, dort regelmäßig stehen blieben und die internen Informationen zum Arbeitsstand des Teams mit großem Interesse studierten. Das aber ging dem Team selbst und ebenso den verantwortlichen Führungskräften dann doch etwas zu weit mit der Transparenz nach außen, sodass mit etwas Umräumen im Teambüro schließlich doch ein guter Ort für das Team Board und damit auch für die täglichen Meetings geschaffen wurde.

Das agile Team Board in seiner oben beschriebenen, bestechend einfachen Form wird in der Praxis häufig noch etwas erweitert. Eine sinnvolle Ergänzung insbesondere für Scrum Teams bei der Arbeit in Entwicklungsprojekten ist das Burndown-Chart, auf dem täglich der Fortschritt in der Abarbeitung der vereinbarten Aufgaben über der Zeit aufgetragen wird.

Beispiel eines Burndown-Charts

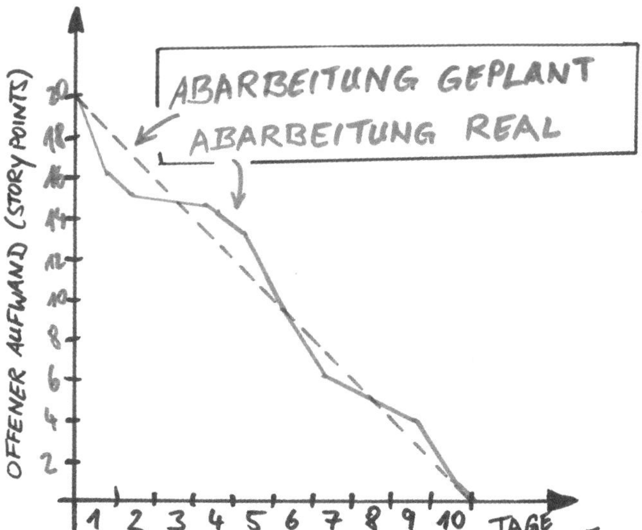

Beim Einsatz mit Kanban (siehe auch oben im Abschnitt 3.2) wird das Board typischerweise noch um eine vierte Spalte ganz links erweitert, in der bevorstehende Aufgaben oder Arbeitspakete aufgenommen werden, mit denen aber noch nicht begonnen werden kann, weil noch auf eine notwendige Entscheidung, Freigabe, Konkretisierung oder auf die Verfügbarkeit einer teamexternen Ressource (zum Beispiel einen Prüfstand) gewartet werden muss. Zudem wird in der Arbeit mit Kanban die dritte Spalte auf dem Board mit den in Bearbeitung befindlichen Aufgaben immer mit einem Limit versehen, dem WIP-Limit (work in progress). Dieses WIP-Limit hilft Verzettelung zu vermeiden, erleichtert damit die Fokussierung und sorgt für Flow in Arbeitsprozess – und selbstverständlich wird dieses sinnvoll festzulegende WIP-Limit auch im Spaltenkopf als fester Eintrag visualisiert, so dass jeder auf einen Blick erkennen und überprüfen kann, ob diese Spielregel eingehalten wird.

4.4 Agiles Schätzen

Das Werkzeug des agilen Schätzens wurde entwickelt, um das Team zu befähigen, gemeinsam die benötigten Kapazitäten, die für die Bearbeitung der anstehenden Aufgaben benötigt werden, realistisch kalkulieren zu können. Dies hört sich zunächst nach einem sinnvollen und auch wenig neuen oder gar überraschenden Vorgehen an. Aber lassen Sie sich davon nicht täuschen. Dieses Werkzeug hat eine enorme Kraft und ist, wenn der Umgang damit gut geschult ist und sicher praktiziert wird, ein zentraler Motor für effizientes, erfolgreiches und auch gesundheitsförderliches (siehe Kapitel 8) Arbeiten im Team. Damit dieses Instrument sicher angewandt werden kann, gilt es einige Punkte zu beachten.

Tipp

Beginnen wir mit dem Vorgehen des agilen Schätzens. Auf das Wesentliche heruntergebrochen, besteht dieses aus einer Abfolge von drei Schritten:

1. Einschätzung der vorhandenen Kapazitäten im Team,
2. Bewertung, wie lange die Bearbeitung jeder anstehenden Aufgabe voraussichtlich dauern wird und schließlich
3. Verteilung der in Schritt 1 ermittelten Kapazität auf die anstehenden Aufgaben.

Sehen wir uns diese Abfolge etwas genauer an.

Ziel des ersten Schrittes ist es, eine aktuelle Einschätzung der für die Iteration zur Verfügung stehenden Kapazität zu ermitteln. Hierfür trifft sich das Team zu Beginn der Iteration in einem Meeting (zum Beispiel Sprint Planning Meeting) und beginnt damit den Fokusfaktor (siehe Kasten auf Seite 130) für den anstehenden Sprint zu überprüfen. Stimmt unser Fokusfaktor noch? Oder gibt es Besonderheiten in den kommenden zwei Wochen, die wir darin aufnehmen müssen (zum Beispiel absehbare Verpflichtungen aus der Linie durch einen kritischen Prozess). Natürlich ist auch der umgekehrte Fall denkbar, dass in einer Woche unerwartet viel Luft entstanden ist (etwa weil ein anderes Projekt ins Stocken geraten ist). Gegebenenfalls wird also der Fokusfaktor modifiziert.

Als nächstes wird nun die für den Sprint realistischerweise zur Verfügung stehende Gesamtkapazität des Teams anhand folgender Formel ermittelt:

Sprintlänge in Tagen × Fokusfaktor – Urlaub – bekannte Krankheitstage
= Teamkapa im Sprint.

Ein Beispiel soll den Rechengang verdeutlichen

Die Länge des Sprints wurde auf zwei Wochen, mit insgesamt 10 Arbeitstagen angesetzt. Das Team setzt sich aus 9 Mitgliedern zusammen.

Die Sprintlänge liegt also bei 10 × 9 Tagen = 90 Tage.

Der Fokusfaktor des Teams wurde mit 0,7 ermittelt.

Außerdem sind 2 Teammitglieder für insgesamt 7 Tage in Urlaub.

Ein Teammitglied hat sich hat sich eine Grippe eingefangen und realistischerweise wird er wohl die erste Arbeitswoche noch fehlen = 5 Tage.

Gemäß unserer Rechenformel ergibt sich also folgende Teamkapazität für den anstehenden Sprint:

90 × 0,7 – 7 – 5 = 63 – 12 = **51 Tage**

Übrigens: Manche Teams betrachten die Kapazitäten noch etwas feinkörniger, in dem sie etwa die Kapazität auf Stunden oder gar Minuten herunterbrechen. Aus unserer Sicht hat sich das Tagemaß als ausreichender Auflösungsgrad in der Praxis bewährt. Bei einer höheren Auflösungstiefe (etwa in Minuten) ergibt sich eher die Gefahr sich einer Diskussion um Pseudoexaktheit zu verzetteln und die Abschätzung komplexer zu machen als eigentlich notwendig (Stichwort: over-engineering).

Ist die zur Verfügung stehende Kapazität erst einmal eingeschätzt, widmet sich das Team als nächstes den anstehenden Aufgaben. Hierfür dient das aktuelle Sprint Backlog als Planungsgrundlage.

Dieser wird vom Product Owner (beziehungsweise derjenigen Rolle, die die Kundenanforderungen im Blick hat) für das Sprint Planning Meeting vorbereitet. Darin findet sich eine Auflistung der für den Sprint anstehenden Aufgaben mitsamt einer Priorisierung.

Das Team schätzt nun für jede einzelne Aufgabe ein, wie viel Kapazität für deren Bearbeitung zu veranschlagen ist. Ein bewährtes Hilfsmittel ist hier das Planning Poker (siehe nächsten Abschnitt auf Seite 133). Ergebnis dieses Schrittes ist, dass für alle hochpriorisierten Aufgaben eine möglichst realitätsnahe Einschätzung der tatsächlich benötigten Kapazität entsteht.

Nun erfolgt im letzten Schritt ein Abgleich von der Ist-Kapazität (Schritt 1) und der Soll-Kapazität (Schritt 2). Zunächst werden die für alle mit der Priorität »1« veranschlagten Kapazitäten addiert und deren Summe von der verfügbaren Kapazität abgezogen. In unserem Beispiel bleiben nach Abschluss dieser Zuordnung noch zweiundzwanzig Stunden an verfügbarer Kapazität über. Diese verbleibende Kapazität wird dann im nächsten Schritt auf die mit Priorität »2« markierten Aufgaben aufgeteilt. Die ersten drei Priorität-2-Aufgaben können also auch noch in diesem Sprint erledigt werden. Alle anderen verbleibenden Aufgaben werden auf den nächsten Sprint verschoben (falls sie dann noch Priorität haben).

Was ist der Fokusfaktor?

Der Fokusfaktor ist ein Maß dafür, wie viel Prozent der insgesamt im Team für die Iteration zur Verfügung stehenden Zeit, effektiv und tatsächlich für die Bearbeitung der Aufgaben zur Verfügung stehen. Also wie viel Zeit die Teamaufgabe tatsächlich im Fokus steht!

Um diesen zu ermitteln wird folgende einfache Formel angewandt:

$$\frac{\text{Gesamtzeit} - \text{nicht fokussierte Zeit}}{\text{Gesamtzeit}}$$

Die Gesamtzeit steht für die rechnerisch im Sprint zur Verfügung stehende Gesamtzeit des Teams. Diese wird um Zeiten reduziert, die für Fixtermine (zum Beispiel Daily Meeting, Review), unvermeidbare Nebenaufgaben oder Störungen und Kundenanfragen benötigt werden. Urlaubstage, Dienstreisen oder Weiterbildungstage gehen nicht in die Berechnung des Fokusfaktors ein, da sie als geplante Abwesenheiten gleich bei der verfügbaren Teamkapazität im Sprint berücksichtigt werden. Daraus ergibt sich die nicht fokussierte Zeit. Um den Faktor in Prozent zu generieren, wird der Anteil der fokussiert bearbeitbaren Zeit durch die Gesamtzeit dividiert.

Hier ein kurzes Rechenbeispiel: Das fünfköpfige Team hat nach Abzug der geplanten beziehungsweise bekannten Abwesenheiten für eine Woche insgesamt 30 Stunden zur Verfügung. Effektiv nutzbar sind nach Abzug der zu erwartenden Fix- und Nebenzeiten et cetera 22 Stunden pro Woche. Somit sind 8 Stunden nicht fokussierte Zeit. Der Fokusfaktor für das Team lautet folglich:

$$\frac{30 - 8}{30} = 0{,}73$$

Ein Fokusfaktor der über 0,7 liegt ist erfahrungsgemäß sehr gut. In der Praxis pendelt sich der Fokusfaktor meist zwischen 0,6 und 0,8 ein. Ein Fokusfaktor über 0,8 ist unserer Erfahrung nach unrealistisch, liegt er unter 0,5 ist er nicht mehr zielführend! Ist dieser Wert unterschritten, ist dies ein deutliches Warnsignal dafür, dass nicht ausreichend Priorität für die eigentlichen Ziele des Teams gegeben sind. (Was sehr unterschiedliche Ursachen haben kann.)

Ein Hinweis sei hier noch erwähnt. Den informierten Lesern wird aufgefallen sein, dass wir hier eine verhältnismäßig einfache Variante des agilen Schätzens dargestellt haben. Es ist durchaus möglich dieses komplexer zu gestalten, etwa indem individuellen Leistungsunterschieden Rechnung getragen wird, indem eine Art eigene Währung, die Story Points als abstraktes Schätzmaß, eingeführt werden. Wir haben in der Praxis die Erfahrung gemacht, dass dies die Komplexität der Schätzung enorm erhöht, da die Umrechnung der Operationen in die Story Points zum einen die Komplexität (unnötig) erhöht und zum anderen in vielen Situationen die Story Points eigentlich aufgabenspezifisch ermittelt werden müssten, da sich oftmals die Anforderungen der Aufgaben inhaltlich stark unterscheiden. Unserer Erfahrung nach schaffen es die Teams nach einiger Zeit ziemlich gut, ein Gefühl für die realistischerweise zu kalkulierenden Aufwände (je Aufgabe) zu entwickeln, auch ohne Story Points. Wenn es darum geht, pragmatisch und schnell zu einer aussagekräftigen Einschätzung zu gelangen, dann hat sich das oben beschriebene vereinfachte Vorgehen bewährt.

Planning Poker

Das Planning Poker ist eine handwerkliche Hilfestellung, um im Team ein gemeinsames Bild der zu kalkulierenden Kapazität für eine Aufgabe zu ermitteln.

Praxis

Der Trick ist es, dass nicht einfach alle Teammitglieder munter darauf los plaudern, was sie denken, wie viel Zeit für diese oder jene Aufgabe zu veranschlagen ist, sondern zunächst verdeckt geschätzt wird, wie viel Zeit zu veranschlagen ist. Zunächst überlegt jedes Teammitglied, das sich für eine Bewertung der Aufgabe kompetent fühlt, für sich, wie viel Zeit diese beansprucht und wählt dafür die passende Poker Karte aus.

Planning Poker Kartensatz

Danach werden gleichzeitig alle Karten aufgedeckt. Sind die Einschätzungen ident oder sehr nahe beisammen, so ist das eine Validierung für das Team, dass sie ein realistisches Bild von den Aufwänden haben. Spannend wird es aber vor allem dann, wenn es (größere) Abweichungen zwischen den Einschätzungen gibt. Denn dies kann Hinweis dafür sein, dass die Aufgabe nicht ausreichend klar formuliert wurde beziehungsweise unterschiedliches darunter verstanden wird. Auf Basis dieser Irritation werden die Ursachen für die abweichenden Einschätzungen ermittelt. So kann etwa durch diese Ursachensuche festgestellt werden, dass der Kollege einen Arbeitsschritt bei der Planung nicht berücksichtigt hat »Du hast das Freigeben in SAP vergessen!«. Oder aber unnötige Arbeitsschritte erkannt werden. »Ich dachte, das muss auch noch getestet werden.«

Unsere Erfahrung aus der Praxis ist, dass meist mehr in die Aufgaben hineininterpretiert wird, als eigentlich gemeint war – was mit einer enormen Potenzierung des Arbeitsaufwandes (Stichwort: Blindleistung) verbunden sein kann. So lautete etwa die zu bewertende Aufgabe in einem Planning-Poker-Spiel in einer Entwicklungsabteilung »Testung eines Frequenzumrichters eines anderen Herstellers«. Während ein Kollege dafür sechs Stunden veranschlagte, hatte der andere drei Tage kalkuliert. Wie kam es zu dem Unterschied? In der Diskussion zeigte sich, dass mit der Aufgabe gemeint war, das Gerät tatsächlich im Betrieb zu testen und – das Risiko in Kauf zu nehmen – das Gerät im schlimmsten Falle zu grillen. Der andere Kollege hatte aber verstanden, dass mit der Aufgabenstellung gemeint sei, eine Simulation zu errechnen, auf deren Basis geklärt wäre, ob sich der Frequenzumrichter des anderen Herstellers eigne oder nicht. Tatsächlich wäre der Verlust eines Gerätes kostengünstiger, als zwei zusätzliche Arbeitstage für Rechenleistung aufzuwenden.

Im Planning Poker wird so lange auf Ursachensuche gegangen und erneute Einschätzungen vorgenommen, bis das Team der Auffassung ist, ein realistisches Bild der benötigten Aufwände zu haben (und sich dies in der Deckungsgleichheit der Poker Karten ausdrückt.)

Die Prinzipien agilen Schätzens

Blicken wir auf das oben beschriebene Vorgehen, so lassen sich einige wesentliche Prinzipien des agilen Schätzens ausmachen. Diese sollten Sie bei der Anwendung dieses Werkzeugs stets vor Augen haben, um die Stärken dieser Methode voll auszuschöpfen.

a. Trennung von Priorisierung und Kapazität-Schätzung

Die Bewertung der anstehenden Aufgaben nach dafür benötigter Kapazität und Priorität wird bewusst voneinander getrennt. Dafür wurden unterschiedliche Rollen geschaffen, die dies in ihrem Zuständigkeitsbereich verorten. So beschränkt sich die Aufgabe des Teams ausschließlich darauf Kapazitäten für Aufgaben einzuschätzen. Aufgabe des Product Owner hingegen ist es, eine Priorisierung der im kommenden Sprint anstehenden Aufgaben (festgehalten im Sprint Backlog) zu erstellen. Vorteil dieser Trennung ist, dass das Team davon entlastet wird, sich noch Gedanken darüber zu machen, welche Aufgabe als erstes abgearbeitet werden soll. In hitzigen Diskussionen und möglichen faulen Kompromissen, wie die zur Verfügung stehende Kapazität verteilt wird, kann es schnell passieren, dass der Kundennutzen aus dem Fokus gerät und das bearbeitet wird, was eben gerade geht. Meist um den Preis, dass das bestmögliche Ergebnis verfehlt wird. Genau deshalb macht sich der Product Owner Gedanken darüber, in welchem Verhältnis die Aufgaben zueinander stehen und welche Aufgabenbearbeitung dem Kunden am meisten Nutzen bringt, aussieht.

b. Die Mitarbeitenden schätzen die Kapazitäten selbst ein

Leider ist eine gelebte Praxis in vielen Projekten die, dass dem Team ein Aufgabenpaket hingeknallt wird und dazu noch ein fester Termin an dem dieses dann bitteschön abgearbeitet sein solle. Manchmal hat das Team dann noch die Freiheit eine Einschätzung der benötigten Zeit zu tätigen, aber eigentlich nur pro forma, denn den Beteiligten ist klar, an dem Endtermin ist nicht zu rütteln. Also besteht die Praxis darin, gegen feststehende – meist zu geringe – Kapazitäten anzuplanen und zu versuchen die Einhaltung der Deadline irgend möglich zu gewährleisten. Meist um den Preis, dass Abstriche im Ergebnis gemacht werden (vergleiche Kapitel 4.1).

Natürlich ist es beim agilen Arbeiten auch so, dass Deadlines eingehalten werden und in der Regel auch nicht mehr Kapazität zur Verfügung steht. Aber ein wesentlicher Unterschied ist der, dass die Kapazitätsplanung des Teams realen Einfluss auf die Arbeitsplanung hat. Es kann nicht mehr als die zur Verfügung stehende Kapazität verplant werden. Bei größeren Kapazitätsengpässen gilt es, schnell darauf hinzuweisen und gegebenenfalls diesen Konflikt rasch zu eskalieren. So wird frühzeitiges Gegensteuern möglich.

Die Erfahrung, die eigenen Kapazitäten selbst zu verplanen und zu merken, dass diese Planung auch Gewicht hat, ist aus unserer Sicht eine ungemeine Quelle von Motivation und vor allem für Commitment dem Gruppenziel gegenüber.

Kapazitätsschätzung im Team

c. Agiles Schätzen orientiert sich kurzzyklisch an der realen Situation des Teams und schafft dadurch optimale Voraussetzungen, die Ziele des Sprints zu erreichen

Üblicherweise sind Projekte im klassischen Sinne so aufgebaut, dass zunächst ein Ziel formuliert, ein Plan sorgsam ausgearbeitet und dann losgelegt wird! Da bekanntermaßen die Realität meist anders ist als der Plan müssen Mitarbeitende meist in Projekten durch Phasen durch, in denen sich das Gefühl einstellt: wir sind hintendran. Meist gibt es gute Gründe dafür: krankheitsbedingte Ausfälle, ein dringendes Projekt aus der Linie, das meine Kapazität aufgesogen hat, et cetera, nur leider ändert dies nichts an dem schlechten Gefühl.

Anders als im klassischen Projektmanagement trägt agiles Arbeiten der realen Gesamtsituation im Unternehmen und nicht nur dem Projekt Rechnung. Durch die kurzen Iterationen an deren Anfang die agile Schätzung steht, wird schnell klar, dass es in dieser Woche eben einfach nicht möglich ist, mehr zu leisten – aus guten Gründen. Und dies wird dann nicht einfach nur zur Kenntnis genommen, sondern schlägt sich in der Planung und der Arbeitsrealität im Sprint nieder. Der Unterschied besteht für den Einzelnen darin, mit einem besseren Gefühl zu arbeiten und für das Projekt, dass die Voraussetzungen geschaffen werden, die Ziele des Sprints auch tatsächlich zu erreichen.

Herausforderungen beim agilen Schätzen

Das Team tendiert dazu sich überschätzen ...
Eine Erfahrung, die sich gerade bei Einführung des agilen Schätzens immer wieder einstellt, ist, dass Teams die Tendenz haben sich zu viel zuzumuten. Auf den ersten Blick mag dies nicht sonderlich problematisch erscheinen, immerhin hat die Binsenweisheit »Sich lieber mal ein bisschen mehr als zu wenig vorzunehmen, hat einem im Leben ja schon zu vielem angespornt«. Dies ist aber nur eine sehr eingeschränkte Sicht auf diese – um es deutlich zu sagen – Unfähigkeit zur exakten Planung.

Haben Sie schon einmal versucht, mit Skischuhen, die ihnen zwei bis drei Nummern zu groß sind, die Piste herunterzukommen? Es ist möglich, aber das Problem ist, dass sich alle Bewegungen nur sehr verzögert auf die Skiführung und den Kurs auswirken. Elegant ist das nicht und die Unfallgefahr steigt erheblich an.

Das Problem am Überschätzen liegt darin, dass die Steuerbarkeit des Gesamtprojektes dadurch erheblich abnimmt. Gerade dann, wenn es eng wird, ist eine zielsichere Prognose über notwendige Kapazität der schnellste und effizienteste Weg zum Erfolg.

Damit das Team die Fähigkeit zu exakten Schätzungen entwickeln kann, ist wesentlich, dass die ursprünglichen Schätzungen zu Beginn des Sprints an dessen Ende nochmals evaluiert werden. Und zwar wird zum einen bewertet, ob die Kapazitätsschätzungen für die Aufgaben gepasst haben (diese Einschätzung erfolgt im Sprint Review Meeting) und auch ob der Fokusfaktor richtig kalkuliert wurde (Sprint Retrospektive).

… die Führungskräfte tendieren dazu das Team zu unterschätzen
Paradoxerweise stellen wir (zu Beginn des agilen Schätzens) immer wieder fest, dass das Team dazu tendiert sich zu überschätzen, während Führungskräfte eher die Grundannahme haben: Die Mitarbeitenden werden die neu gewonnenen Freiräume bei der Kapazitätsschätzung dahingehend nutzen, sich erst mal so wenig Arbeit wie möglich zuzumuten – sich also eher unterschätzten.

Wir glauben – und stellen das auch in der Praxis immer wieder fest – dass den Mitarbeitenden mehr zugetraut werden kann, weil diese ein ernsthaftes Interesse haben das Ziel, zu dem sie sich committet haben, auch einzuhalten. Notfalls sogar durch die Überschreitung eigener Leistungsgrenzen, was traurigerweise in der stets zunehmenden Zahl von Burn-outs und gesundheitsgefährdenden Entgrenzungsphänomenen seinen Niederschlag findet.

Wir raten daher allen Führungskräften: Vertrauen Sie ihrem Team. Heizen Sie das Problem der Überschätzung nicht noch mehr an, indem Sie dem Team Feuer unter dem Dach machen. Sondern agieren Sie ganz im Gegenteil in die andere Richtung: Bremsen Sie das Team. Schützen Sie es davor, sich zu viel zuzumuten. Nur so klappt nachhaltiges Arbeiten und nebenbei auch Gesundheitsförderung!

d. Mit agilem Schätzen werden Konflikte nach vorne geholt
Die Diskussion, die spätestens bei der Bilanzierung eines Projektes geführt wird, nämlich ob die ursprünglich formulierten Ziele erreicht wurden, wird bei agilem Schätzen zeitlich nach vorne geholt, nämlich an den Beginn

einer jeden Iteration. Allerdings nicht mit dem Blick nach hinten »Was wurde geschafft beziehungsweise nicht geschafft?« sondern in die Zukunft gerichtet, mit den Fragen: »Was können wir realistischereeise schaffen? Was müssen wir zurückstellen oder gar streichen?«

Das frühzeitige Befassen mit möglichen Kapazitätsengpässen ermöglicht frühzeitiges Steuern, um das bestmögliche Ergebnis zu erreichen (zum Beispiel durch Streichung weniger relevanter Aufgabenpakete. Eskalierung nach oben bei eklatanten Kapazitätsengpässen et cetera). Allerdings ist dieses frühzeitige Beschäftigen mit möglichen Kapazitätsengpässen bei Teams eine eher unbeliebte Disziplin. Warum? »Eigentlich würde ich lieber diese Aufgabe Z machen, aber die Priorisierung sagt mir, dass ich zuerst Aufgaben X und Y erledigen muss. Womöglich fällt Aufgabe Z sogar ganz weg, wo das doch meine große Stärke ist.« Früher wäre dieser Konflikt zwischen persönlichen Neigungen und der Fokussierung auf das Teamziel wahrscheinlich nicht (oder nicht so deutlich oder womöglich stark verzögert) zum Ausdruck gekommen. Bei agilem Schätzen werden solche Fragen von Anfang an diskutiert. Und das macht wenig Spaß, vor allem auch deshalb weil dies bedeuten kann, dass eine Aufgabe, die mir wichtig/interessant oder sinnstiftend erscheint auch wegfallen kann. In nicht agilen Arbeitsweisen wird dieses Dilemma oft durch ein beherztes Wegschieben (Das kriegen wir schon irgendwie hin!) gelöst. Durch das agile Schätzen taucht aber schnell und sehr deutlich, nämlich durch den Blick auf die nüchterne Realität der Zahlen, die Frage auf: »Aber wie soll das denn gehen? Wir haben einfach nicht mehr Kapazität!«. Das mag unangenehm sein, aber schlussendlich entsteht erst dadurch Verbindlichkeit und die Fähigkeit zu realistischer Planung im Team.

5.
Die neue Zusammenarbeit in agilen Teams

5.1 Selbstverantwortung als Einzelner und Team

Selbstverantwortung als Einzelner

These

Agiles Arbeiten verändert die Arbeitsweise jedes Mitarbeiters. Agile Teams fordern den Einzelnen heraus. Statt auf den Chef zu warten, muss jeder selbst ran und sich einer neuen Verantwortung für sich und das Team stellen.

Mitschwimmen funktioniert im agilen Team nur sehr vorübergehend – sozusagen bis zur nächsten Stromschnelle: Über kurz oder lang kommt jeder Einzelne im Team an einen Punkt, wo unternehmerisches Mitdenken und eigenverantwortliches Handeln gefragt sind. Agile Teams stoßen sehr schnell an ihre Grenzen, wenn immer nur derselbe oder dieselbe die Meinungsführerschaft übernimmt – und die anderen eben nur nicken, in sich hinein grummeln, aber ihre eigene Meinung für sich behalten. Wenn wir agile Teams in ihrer Startphase begleiten, ergibt sich immer wieder mal die eine klassische Enttäuschung: Das vergebliche Warten auf eine Ansage vom Chef, was denn nun heute zu tun ist und am besten noch in welcher Reihenfolge. Insbesondere dann, wenn die Luft brennt, also ein Engpass auftritt, etwas aus dem Ruder läuft oder ein akuter Ressourcenkonflikt offensichtlich wird, dann ist vom einen oder anderen im Team ein typischer Ruf zu hören: Der Chef muss jetzt sagen, was Priorität hat. »Schön wär's«, sagen dann andere im Team, »aber wir wissen doch am besten selbst, was jetzt gebraucht wird. Der Chef darf und soll sich doch bitte raushalten, solange wir ihn nicht zu Hilfe rufen, weil wir mit unserem Latein am Ende sind.« Nun ist Selbstverantwortung und effiziente Selbstorganisation im Team gefragt: Ohne lange Diskussionen wird im Team entschieden – und das geht eben nur, wenn jeder den Mut aufbringt, seine Erfahrung und seine Vorschläge zum Umgang mit der schwierigen Situation ins Spiel zu bringen. Und die agilen Arbeitsweisen geben ihm hierfür sehr viel mehr Raum und Gelegenheit als die klassische Organisation: Jeder zählt;

die Bedeutung von Hierarchie schwindet und das Zusammenarbeiten wird regelmäßig reflektiert.

So können Menschen wachsen und Verantwortung übernehmen. Und es gilt eben dann auch das neue Wort: »Jeder ist auch verantwortlich für das, was er nicht sagt«.

Was ist mit Selbstorganisation gemeint? Nicht etwa Beliebigkeit oder jeder macht's wie er will – sehr wohl aber die Anforderung an das Team und zugleich dessen Ermächtigung, wichtige Entscheidungen in Abstimmung miteinander selbst zu treffen. Welche Entscheidungen werden im Team getroffen? Dies kann beispielsweise die Art und Weise des täglichen Arbeitsablaufs, die Reihenfolge der Bearbeitung einzelner Aufgaben oder die Aufgabenverteilung und gegenseitige Unterstützung im Team selbst betreffen.

Aber was bedeutet das dann für ganze Teams? Sind dann da nur noch große Einzelkämpfer und Spielmacher gefragt?

» Agile Teams organisieren sich selbst. Statt Anweisungen von oben zählen nun Erfahrung und gesunder Menschenverstand im Team.

Eine wichtige Voraussetzung für Selbstorganisation ist Transparenz über die Anforderungen und aktuellen Aufgaben für alle. Damit geht die Selbstermächtigung von Teams, Entscheidungen zu treffen, einher und die beginnt beim Einzelnen. Für diese Ermächtigung braucht der Einzelne sowohl den Rückhalt im Team als auch in der Hierarchie (also von seinem Chef). Und dann gibt es die Routinen im Team, bei denen jeder Einzelne seine Impulse und seine Entscheidungen im Team abstimmt, verbessert, dazulernt und in denen Commitment entsteht.

Tipp

Daher können agile Teams auch nicht als Abstimmungsrunden funktionieren, in denen jeder unter dem Vorbehalt der Zustimmung seines Chefs mitarbeitet. Hier muss die Hierarchie Handlungsfreiheit geben und der Mitarbeiter muss diese gestalten. Abstimmungen mit Hierarchievorbehalt gibt es in der klassischen Organisation genug, und die sind sicher auch zum Teil notwendig, aber eben nicht agil.

5.2 Transparenz, Vernetzung und Information im Team

Transparenz ist in einem agilen Team viel mehr als nur die Visualisierung von Aufgaben und Teamzielen. Aber natürlich beginnt es damit. Doch welche Rolle spielt Transparenz für den Erfolg des Teams? Welches ist das richtige Maß? Und wie macht man es praktisch? Oft genug hören wir in der Praxis: »Ich mache hier meinen Job, von den Kollegen brauche ich eigentlich nur Ergebnisse. Was geht mich denn fremdes Elend an?«

Agile Teams praktizieren direkte Interaktion und leben von Offenheit und Vertrauen. Das erspart jede Menge Berichte, E-Mails und lange Meetings, will aber erst mal erlernt werden. Denn durch die gemeinsamen Teamziele und das fachübergreifende Arbeiten steigt die Anforderung an mich als einzelnen Mitarbeiter, mich für alles – also auch das, was etwas abseits meines eigenen Kernaufgabengebietes liegt – zu interessieren. Denn ich muss ja auch aussagefähig sein, was die Kapazitäten des Teams insgesamt betrifft, ich muss kurzfristig unterstützen können, wenn es Probleme gibt. Und genau dafür brauche ich aktuelle und relevante Informationen. Und diese, so unsere Erfahrung, liegen ganz selten in Excel-Tabellen oder Projektstatusberichten vor. Diese Transparenz entsteht nur in den täglichen Stand-up-Meetings. Und auch nur dann, wenn die eben keine Alibiveranstaltungen sind, bei denen nur Erfolge berichtet werden. Sondern nur wenn im Daily klar auf den Tisch kommt: was hindert uns, was ist noch zu tun und wo haben wir Handlungsbedarf? Das Daily ist innerhalb des Sprints das wichtigste Werkzeug zum Herstellen von Transparenz. Aber auch die Visualisierung und die Reviews spielen natürlich eine wichtige Rolle. Und doch bleiben dies alles nur Hüllen und Werkzeuge. Es kommt am Ende immer darauf an, dass das Team sich als Ganzes sieht und diese Möglichkeiten zur Information und zur Transparenz eben auch aktiv nutzt.

In puncto Transparenz stellt die Vernetzung mehrerer agiler Teams einen weiteren Knackpunkt der agilen Arbeit dar. Weil jedem klar ist, welches Team an welcher Aufgabe zu welcher Zeit arbeitet, brauche ich in der Praxis auch keine aufwendigen Informationsmakler. Die Teams gehen aufeinander zu und klären wichtige Themen und Probleme miteinander. Und sie haben zum Beispiel zumeist auch die Befugnis, sich gegenseitig Aufgaben in ihre Aufgabenlisten einzutragen. Dies hat in der Praxis häufig zu einer engen Vernetzung der Teams geführt. Hier liegt auch in großen Unternehmen eine wichtige Aufgabe der Fachabteilungen, nämlich auf fachlicher Ebene für ausreichende Abstimmung und intensiven Wissenstransfer zu sorgen.

5.3 Neue Rollen – andere Erwartungen

Agiles Team – was soll da schon anders sein als im klassischen Team was die Rollenverteilung und gegenseitigen Erwartungen angeht? Das kennen wir doch alle: Im Team ziehen alle an einem Strang, idealerweise kann jeder alles – und alle packen an, wenn Not am Mann oder der Frau ist. So oder ähnlich wird die perfekte Teamarbeit gerne beschrieben, häufig auch noch mit dem leicht süffisanten Unterton, so funktioniere es ja leider nur im Bilderbuch der Teamarbeit – und selten nur im wirklichen Leben. Doch stattdessen erlebe man nur allzu oft das sprichwörtliche »TEAM – Toll Ein Anderer Macht's«: Die einen lehnen sich zurück auf Kosten anderer, die sich dann umso mehr abrackern.

These

Doch im agilen Team sieht die Sache anders aus: Hier kommen neue Rollen ins Spiel, von denen bisher selten die Rede war – und damit verändern sich auch die Erwartungen der Teammitglieder untereinander. Aber was genau ist neu und anders? Lassen Sie uns dazu vorab einen Blick auf das Gewohnte werfen: Die Rollenverteilung im klassischen Team lässt sich mit zwei Varianten recht gut auf den Punkt bringen.

Im einen Fall gibt es einen ernannten Teamleiter im Team, der den Kollegen im Zweifelsfall sagt, wo es lang geht und der zumeist auch nach außen und oben für die Arbeitsergebnisse seines Teams geradezustehen hat. Also: eine klare hierarchische Unterscheidung im Team zwischen Teamleiter und den übrigen Teammitgliedern; der Teamleiter verfügt zumindest über eine fachliche und bisweilen auch über disziplinarische Weisungsbefugnis. Im anderen klassischen Fall wählt das Team einen Gruppen- oder Teamsprecher, der als Erster unter Gleichen für Abstimmung im Team sorgt, als Sprachrohr die Meinung der Gruppe nach außen vertritt, als Ansprechpartner für das Team bereit steht und Informationen von außen im Team weiter gibt. Dieser Sprecher übernimmt damit zwar durchaus Führungs- und Koordinationsaufgaben im Team, erhält aber ganz bewusst keine Weisungsbefugnis – weder fachlich noch disziplinarisch – und muss sich also stets der Rückendeckung im Team gewiss sein.

Nun zurück zum agilen Team: Oben im Abschnitt 2.3 haben wir die Selbstorganisation als Essential der agilen Teamarbeit kennengelernt. Was aber heißt das konkret für die Rollen im Team? Entweder das Team organisiert seine täglichen Abläufe selbst, spricht in eigener Verantwortung ab, wer was zuerst macht und wer heute wem hilft – oder aber ein Teamleiter trifft diese Festlegungen. Daraus ergibt sich schon mal eines: ein Teamleiter mit Weisungsbefugnissen hat im agilen Team nicht nur keinen Platz, er würde auch die essenzielle Selbstorganisation des Teams zumindest einschränken, wenn nicht sogar verhindern. Also kein Teamleiter im agilen Team – und auch der Team- oder Gruppensprecher als Sprachrohr wird in aller Regel nicht wirklich vonnöten sein. Jeder im agilen Team sorgt für Information und Abstimmung – dafür braucht das Team aber zwei neue, ganz andere Rollen: einen, der dafür sorgt, dass im Team reibungslos, fokussiert und geschmeidig gearbeitet werden kann – und ein zweiter, der für die richtigen Prioritäten und die stets aktuelle Ausrichtung auf das sorgt, was der Kunde braucht.

Der agile Coach

Der erste – im agilen Framework aus der Software-Entwicklung heißt er Scrum Master, – jenseits davon wird er häufig als agiler Coach bezeichnet, übernimmt mit seiner Rolle die Verantwortung für passende Rahmenbedingungen, Beseitigung von Hindernissen und gute Abläufe im Tagesgeschäft des agilen Teams. Was heißt das praktisch? Er hilft dem Team dabei, dass jeder fokussiert und ohne unnötige, häufig nervige Reibungsverluste an seinem Beitrag zum Erreichen der vereinbarten Ergebnisse arbeiten kann. Jeder kennt die vielen täglichen Störungen, die fehlenden Informationen, die notwendige Entscheidung eines Chefs, damit es weitergehen kann. Ein agiler Coach oder Scrum Master kann und soll zwar keineswegs eine Käseglocke über das Team stülpen, wird also auch nicht sämtliche Querschläger

Tipp

unterbinden oder alle Hindernisse sofort aus dem Weg räumen können. Aber mit dem Team kann er sehr wohl dazu beitragen, schrittweise und im Zuge des gemeinsamen Lern- und Erfahrungsprozesses immer besser für ein konzentriertes Arbeiten ohne ständige Unterbrechungen zu sorgen, das Spaß macht, Erfolgserlebnisse ermöglicht und für Motivation im Team sorgt.

Diese Rolle des Facilitators, des Erleichterers und Ermöglichers, finden wir in jedem guten agilen Team. Sein Titel allerdings kann durchaus unterschiedlich lauten, ebenso finden wir in der Praxis zwei unterschiedliche Varianten der Ansiedlung: In aller Regel unterstützt ein agiler Coach oder Scrum Master mehrere Teams gleichzeitig, agiert damit quasi von außen und gehört selbst nicht zu den Mitgliedern des Teams. In der anderen, gelegentlich ebenfalls praktizierten Variante übernimmt ein Mitglied des agilen Teams diese Rolle zusätzlich – ist also agiler Coach und Teammitglied zugleich. Das kann zwar funktionieren, führt aber zwangsläufig zu Vermischung der beiden Rollen im Alltag, bisweilen auch zu Rollenkonflikten. Außerdem fehlt einem teaminternen Coach zwangsläufig der sprichwörtliche Blick über den Tellerrand des Teams: Das schränkt nicht nur seine Wahrnehmung, sondern auch die Wirksamkeit seiner Interventionen ein – sowohl innerhalb des Teams als auch außerhalb in der Organisation. Das wird etwa dann zum gravierenden Hindernis, wenn Arbeitshindernisse und bereichsübergreifende Probleme in der Hierarchie des Unternehmens eskaliert werden müssen, damit das agile Team weiter kommt. Von einem teaminternen agilen Coach wird zudem häufig erwartet und vorausgesetzt, dass er sich auch fachlich mit allem auskennt, was im Team passiert – schließlich arbeitet er ja in seiner Doppelrolle auch im Tagesgeschäft des Teams mit. Das ist für seine prozessbezogene Rolle aber eher hinderlich; es kann sowohl dazu beitragen, dass er doch fachliche Führung übernimmt, also den anderen sagt, was zu tun ist, als auch die sprichwörtliche Betriebsblindheit fördern und somit den Blick von außen auf die Prozesse im Team erschweren – genau das gehört aber schließlich zu seinen Aufgaben. Dem Wort eines teamübergreifend arbeitenden, agilen Coaches wird dagegen ein anderes Gewicht zugemessen, er wird mit seiner Rolle mehr Akzeptanz in anderen Bereichen und in der Hierarchie des Unternehmens finden. Deshalb empfiehlt der erfahrene Praktiker ganz eindeutig: Ein agiler Coach oder Scrum Master sollte nicht gleichzeitig in einer Doppelrolle innerhalb des Teams angesiedelt sein, sondern mit einer vom einzelnen Team unabhängigen Stellung ausgestattet werden und so auch gleich mehrere Teams parallel unterstützen können.

Was bleibt, ist also dieser erste wesentliche Unterschied zu jedem klassischen Team, was die Rollen und Erwartungen angeht: es gibt mit dem agilen Coach oder Scrum Master den einen Menschen, der für geschmeidiges, hindernis- und störungsarmes Arbeiten im Team sorgt – genau das dürfen und sollen die Mitglieder des agilen Teams auch von ihm (oder ihr) erwarten und verlangen. Die folgende Abbildung zeigt seine Kernaufgaben in Stichworten – und daneben gleich die zweite neue Rolle bei agiler Teamarbeit.

Agiles Team

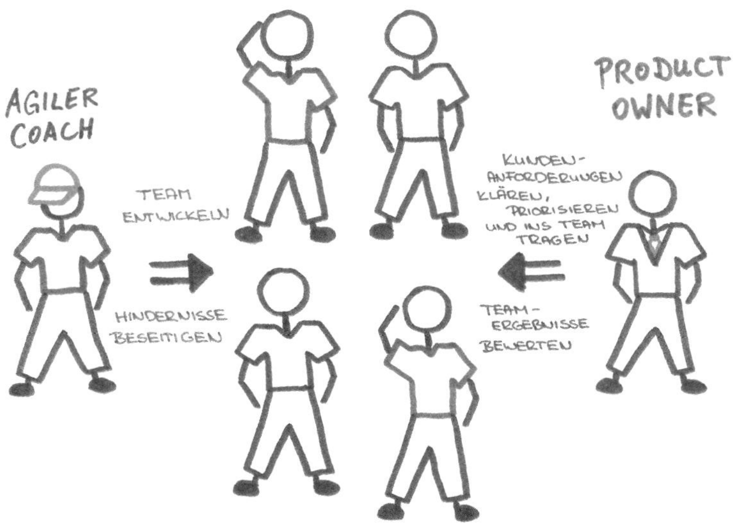

Nun mögen Sie sich fragen, ob denn diese eine neue Rolle nicht genügt, um ein agiles Team zum Fliegen zu bringen. Schließlich fallen ja schon die Scrum Master oder agilen Coaches keineswegs vom Himmel – die Suche nach qualifizierten Leuten für diese Aufgabe kann erfahrungsgemäß schwierig genug sein. Wozu also auch noch eine weitere neue agile Rolle – und warum kann die nicht wenigstens gleich derselbe Mensch übernehmen?

Product Owner

Die oben bereits kurz angesprochene, zweite neue Rolle bei agiler Teamarbeit ist ohne jeden Zweifel außerhalb des Teams anzusiedeln und unterscheidet sich deutlich von der ersten: Der Auftraggeber oder Product Owner – so heißt er ja bekanntlich im Scrum Framework – gibt dem Team die Prioritäten vor und gewährleistet, dass die Verbindung zu den Kunden stets up to date bleibt. Er wirkt damit als Scharnier zwischen dem agilen Team und der Organisation sowie den externen Stakeholdern, also auch den externen Kunden, deren Anforderungen maßgeblich sind für das, was das Team heute, morgen und in der nächsten Woche tut.

These

Mit dieser Rolle wird er einer zentralen Anforderung gerecht, die jedes agile Team erheben wird – und die in vielen klassischen Teams nicht oder unzureichend erfüllt wird: Das Team will und muss jederzeit eindeutig orientiert sein, worauf es aktuell ankommt, was die höchste Priorität genießt und welche Anforderungen es zu erfüllen gilt – mit anderen Worten: klare Leitplanken als Voraussetzung für die eigenverantwortliche Selbstorganisation eines erfolgreichen Tagesgeschäfts im agilen Team. Ohne diese Orientierung bleibt die Forderung nach fokussiertem Arbeiten und Commitment im Team eine leere Worthülse. Diese Aufgabe des Product Owners ist keineswegs zu unterschätzen – und zwar insbesondere dann, wenn sich die Anforderungen der Kunden, die Bedingungen im Wettbewerb häufig und unerwartet ändern. Dann heißt es am Ball zu bleiben für den Auftraggeber, auch widersprüchliche Erwartungen unter einen Hut zu bringen und im regelmäßigen Kontakt das agile Team auf dem Laufenden zu halten. Der Auftraggeber wird mit dieser neuen Rolle auch zu einem wichtigen Ansprechpartner für den agilen Coach: Wenn die Arbeitsfähigkeit des agilen Teams durch Einflüsse, Störfaktoren, Eilaufträge von oben oder außen in Gefahr gerät, dann ist der agile Coach oder Scrum Master immer wieder mal auf die tatkräftige Intervention eines Product Owners oder Auftraggebers angewiesen, der in aller Regel zum Führungskreis der Organisation gehört und damit über zusätzliche Möglichkeiten der Konflikteskalation verfügt. Durch diese Rolle sorgt er, wann immer es erforderlich wird, für die nötige Rückendeckung des agilen Coaches und für den Schutz des agilen Teams vor unabgestimmten Eingriffen von oben oder außen.

5.4 Trennung von Prozess und Ergebnissen

Die beiden neuen, im Abschnitt 5.3 beschriebenen agilen Rollen lassen sich schon danach gut unterscheiden, worauf sich der Blick richtet: auf Inhalt und Ergebnisse – oder auf Prozess und Abläufe.

Trennung von Prozess und Ergebnis

Immer wieder werden wir allerdings von verantwortlichen Führungskräften in unseren Beratungsprojekten gefragt, wer sich denn aus unserer Sicht zur Führung und Begleitung der neuen agilen Teams einsetzen ließe und über welche Kompetenzen dieser Mensch eigentlich verfügen sollte. Dann führt das weitere Gespräch in aller Regel an einen Punkt, wo guter Rat teuer wird: Wer von unseren Leuten könnte denn als Scrum Master oder agiler Coach die agilen Teams betreuen – und wer übernimmt dann auch noch die Rolle des Product Owners oder Auftraggebers? Und dann – Sie ahnen es schon – kommt ein naheliegender, auf den ersten Blick geradezu verlockender Gedanke ins Spiel: Wenn wir schon jemanden intern qualifizieren oder von extern engagieren für die neuen agilen Aufgaben, dann könnte der doch gleich beide Rollen übernehmen – zwei Fliegen könnten wir auf diese Weise doch mit einer Klappe schlagen, oder?

Praxis

Im Hinblick auf einen effizienten Personaleinsatz mag dies zwar eine attraktive Lösung sein – die agile Teamarbeit wird von einer solchen Besetzung leider nicht profitieren können. Denn die beiden Rollen unterscheiden sich in einem fundamentalen Punkt, der eine Wahrnehmung in Personalunion schon fast ad absurdum führt: Der eine hat den Inhalt der Arbeitsaufgaben und die Ergebnisse der Arbeit im Blick – der andere demgegenüber kümmert sich um den Ablauf im Team, das Miteinander und die Prozesse im Team und mit dem Umfeld des Teams.

5.5 Spezialisierung

Spezialisierung in agilen Teams

Eine Idee, die die Verfasser des »Agilen Manifests« (vergleiche Kapitel 1.3) bei dessen Erstellung maßgeblich inspirierte, war, dass alle Teammitglieder (wieder) dasselbe können sollen. Bis dahin war in der Softwarewelt (und darüber hinaus) das Prinzip der Spezialisierung und Gliederung des Arbeitsprozesses in für Experten bestimmte Arbeitspakete der Königsweg der Arbeitsorganisation – auch wenn sich immer mehr zeigte, dass damit erhebliche Probleme verbunden sind: Was tun, wenn ein Experte ausfällt? Wie soll es möglich sein über den sprichwörtlichen Tellerrand hinauszublicken, wenn ich nur einen Bruchteil des Tellers überhaupt überschauen kann?

Grundgedanke des Agilen Manifests war es also, in der Welt der Software die Trennung einzelner Verrichtungen innerhalb des Arbeitsprozesses wieder aufzuheben und so zum Beispiel den Tester wieder zum Entwickler zu machen. Dies bedeutet also: Im ursprünglichen agilen Ansatz ist eine ausgeprägte Polyvalenz oder auch eine geringe Spezialisierung innerhalb des Teams das vorherrschende Leitbild gewesen.

Mit der Ausbreitung des agilen Denkens über die Software-Welt hinaus hat sich aber gezeigt, dass die radikale Forderung »jeder kann alles« nicht in allen Branchen praktikabel oder überhaupt realistisch anzustreben war. So ging man in der Praxis vielfach dazu über, sich nicht an diesem hehren Ideal festzubeißen, sondern das zu tun, was auch sonst erfolgreich war, nämlich pragmatische Lösungen zu finden. So wurde damit experimentiert, agiles Arbeiten auch für Teams, die sich aus Spezialisten zusammensetzen, anzuwenden. Und durchaus mit einigem Erfolg. Dies war unserer Ansicht nach ein wesentlicher Impuls für agiles Arbeiten, der es erst ermöglichte, dass agiles Arbeiten seinen branchenübergreifenden Siegeszug antreten konnte.

Bei diesen ersten Versuchen zeigte sich schnell, dass der überwiegende Teil der Faktoren, die agilen Arbeitsweisen ihre Schlagkraft geben, also beispielsweise die Fähigkeit der Teams zur Selbststeuerung und gemeinsamen Planung, durchgehende Transparenz oder fokussiertes Arbeiten, auch in spezialisierten Teams ihre volle Wirkung entfaltet. So wurde aus den Erfahrungen, die beispielsweise in der Industrie mit agilen Arbeitsweisen gemacht wurde, schnell klar, dass es nicht unbedingt notwendig ist, dass alle Mitglieder des Teams das Gleiche tun, um agil zu arbeiten, sondern dass es ausreicht, wenn die Teammitglieder an demselben Thema, Produkt oder im gleichen Prozess arbeiten. Die erhöhte Transparenz, die wie bereits beschrieben Kernprinzip agilen Arbeitens ist (vergleiche Kapitel 2.2), stellt sicher, dass jedes Teammitglied nur an Themen arbeitet, die die anderen auch wirklich brauchen und dass mein Ergebnis dann geliefert wird, wenn es die anderen benötigen (und bevor es zu Verzögerungen im Ablauf kommt).

Praxis

Allerdings werden stark ausgeprägte Spezialisierungen dann zum Problem, wenn das Team von der Zeit- und Terminplanung des Spezialisten abhängig ist und dieser das Team – überspitzt formuliert – in Geiselhaft nehmen kann.

Dadurch verliert das Team seine entscheidende Kompetenz, nämlich die Fähigkeit zur Selbststeuerung. Es kann auch sein, dass eine Kompetenz im Team nicht mit genügend Kapazität vertreten ist, so dass das Team immer um dieses Spezialkönnen herum planen muss und so maßgeblich eingeschränkt wird. Unserer Erfahrung nach bleiben solche schwelenden Konflikte selten auf die Sachebene beschränkt (Wir wissen ja, du hast sehr viel zu tun und nun lass uns mal gemeinsam nach einer Lösung suchen!) sondern tendieren dazu, sehr schnell auf der sozialen und persönlichen Ebene ausgetragen zu werden (»Die Herren von XY bremsen uns mal wieder aus!« »Die sind ja nicht motiviert.« »Die machen uns hier Stress und obendrein noch ein schlechtes Gewissen.«). Dadurch wird das Teamklima vergiftet und wirkliches Commitment verhindert.

Aus den genannten Gründen ist gerade die Zusammensetzung und Versorgung von Teams mit Spezialwissen und Können immer wieder ein heikler Punkt. Zentraler Steuerungsmechanismus, um mit (kurzzeitigen) Engpässen umzugehen, ist die Gliederung des Arbeitsprozesses in kurze Zyklen (Iterationen). So ist es möglich, das Team für eine (oder mehrere) Iterationen kurzfristig mit zusätzlicher Spezialisten-Power auszustatten, um über besonders kritische Phasen hinwegzukommen. Natürlich erfordert dies mitunter erhebliche Anstrengungen innerhalb der Organisation, die unserer Erfahrung nach dann bewältigt werden können, wenn die Führung vollends dahinter steht beziehungsweise sich auch traut, diesen Schritt zu gehen.

» Bei der Zusammensetzung eines agilen Teams aus mehreren Spezialisten ist die Frage »Was steuern wir gemeinsam?« entscheidend für den Erfolg. Ist dieser gemeinsame Fokus des Teams klar, so steht der agilen Zusammenarbeit auch in hoch spezialisierten Teams nichts im Wege. Denn schneller Austausch von Informationen, die flexible Ausrichtung auf Kundenbedürfnisse oder Änderungserfordernisse lässt sich auch mit solchen auf Spezialisierung setzenden Teams gut realisieren.

5.6 Teamdynamik

Die Teamuhr im agilen Rahmenwerk

Sicher ist bei jeder Teamzusammenstellung das Ziel, dass das Team besser, schneller und schlauer ist als die Summe der einzelnen Mitarbeiter. Oft zeigt sich dieser gewünschte Synergieeffekt auch. Mindestens genauso oft aber hört man den Satz »Wir mussten uns erst zusammenraufen« oder »Wir haben unsere Zeit gebraucht«. Für ein professionelles Team noch schlimmer, gerade wenn es um einen (teuren) Spezialisten geht: »Der oder die haben nicht ins Team gepasst«, oder: »Bis zuletzt haben wir es einfach nicht geschafft an einem Strang zu ziehen.« Es scheint also so zu sein, dass Teams eine gewisse Zeit brauchen, um Hochleistungen zu erreichen beziehungsweise, dass Teams einige Hürden nehmen müssen, bevor sie gemeinsam ein sehr hohes Leistungsniveau erreichen.

Werfen wir zunächst einen Blick auf die Teamentwicklung – von der Teamgründung über die Hochleistungsphase bis zur Auflösung – wie sie typischerweise abläuft. Anschließend kommen wir auf die Besonderheiten zu sprechen, die diesbezüglich für agile Teams gelten.

Die fünf Phasen der Teamentwicklung

Teamuhr

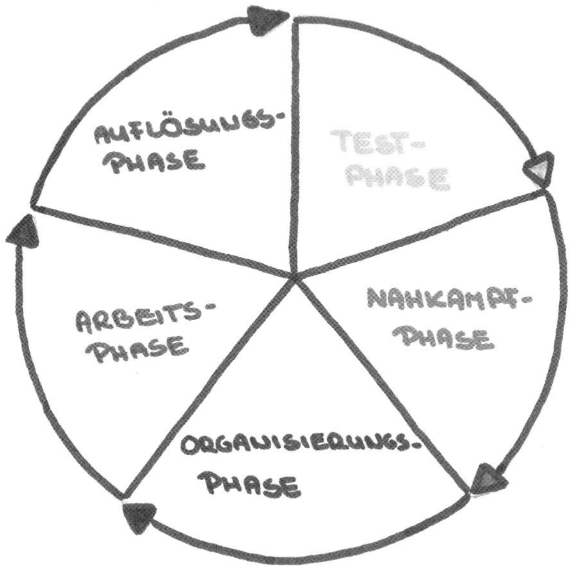

Dieses Phasenmodell in Anlehnung an Tuckman (1965) beschreibt die Entwicklung von Teams über die Zeit. Die Grundannahme lautet, dass Gruppen typischerweise bewusst oder unbewusst diese Phasen durchlaufen, um in die Arbeitsphase zu gelangen. Dabei wird nicht zwangsläufig eine Stufe nach der anderen durchlebt, Stagnation oder sogar Rückfälle sind möglich.

Die Dauer der einzelnen Phasen ist stark abhängig von der insgesamt zur Verfügung stehenden Zeit, der Führung, der Aufgaben und der Erfahrung der beteiligten Personen in solchen Situationen. Wir beobachten zum Beispiel bei zweitägigen Seminaren das Durchlaufen der gleichen Phasen wie in einem einjährigen Projekt.

1. Kennenlernphase (Forming)

Diese Phase ist gekennzeichnet durch große Abstände zwischen den Teammitgliedern (oft auch körperlich – in den Besprechungen bleiben Stühle frei, man steht bei Stehmeetings weit auseinander, obwohl man dann schlecht sieht und hört), wenig direkte Auseinandersetzung (man schüttelt eher still den Kopf, als dass man widerspricht), sehr viel Beobachtung (wie ticken die hier, wer hat was zu sagen) und den Versuch, Gemeinsamkeiten zu schaffen (zum Beispiel gemeinsames Lachen über flache Witze).

Ergebnis dieser ersten Phase ist es, dass sich die Teammitglieder kennen und einschätzen lernen. Sie beschnuppern sich gegenseitig und machen sich so ein Bild voneinander.

Aufgabe der Führung ist es, das Team dabei zu unterstützen, dieses Kennenlernen schnell zu durchschreiten. Denn in dieser Phase ist von den Stärken wirklicher Teamarbeit in der Regel wenig zu spüren. Hier geht es eher um Koordination, Abstimmung und einen guten Eindruck (falls Ihnen das für Ihr Team reicht, machen Sie bloß keine zweitägigen Workshops, denn da macht sich das Team in der Regel auf den Weg in Phase 2 ...).

2. Nahkampfphase (Storming)

Nachdem sich die Teammitglieder einigermaßen einschätzen können, beginnt üblicherweise die Aushandlung von Regeln, das Setzen von Standards und die Verteilung von Einfluss unter den Teammitgliedern. Dies geschieht natürlich nicht verbal, sondern ist ein impliziter Prozess, der in jeder Wortmeldung mitschwingt (»Wie mein Vorredner nicht bemerkte ...«, »Hier plädiere ich aber für mehr Realismus!«).

Der Aufgaben im Team, zum Beispiel wer was verantwortet, wird natürlich in vielen Teams zu Beginn verhandelt und auf Flipcharts geschrieben. Oft (und in guten Teams immer) haben diese aus den Arbeitsaufgaben des Teams heraus getroffenen Vereinbarungen auch sehr viel mit den sozialen Strukturen des Teams zu tun. Dies ist jedoch nicht immer und nicht komplett und ausschließlich der Fall. Diese Verteilung von Einfluss und Gruppenpositionen ist in dieser Phase der Teamentwicklung das zentrale Thema. Die Konflikte werden deutlich (also benannt) oder aber gelebt. Typisch in dieser Phase ist auch eine starke Abgrenzung gegenüber der Umwelt. Teams bilden sich gerade auch dadurch, dass klar ist, wer nicht dazu gehört.

Die größte Gefahr für die Führung innerhalb dieser Phase ist es, aufkommende notwendige Konflikte zu unterdrücken. Die Erfahrung zeigt, dass es in dieser Phase auch mal knallen muss, denn offene Fragen müssen eben geklärt werden. Es ist nicht sinnvoll, hier als Führungskraft Ruhe als erste Bürgerpflicht zu vermitteln. Sehr wohl aber ist es notwendig, dem Team die offenen Fragen und Konflikte aufzuzeigen.

3. Regelungsphase (Norming)

Gute Teams gehen aus dieser Phase mit geklärten Rollen und wirklich gelebten Spielregeln heraus.

Der Übergang zwischen den Phasen zwei und drei ist aus unserer Erfahrung heraus selten ganz klar zu ziehen. Die Unterscheidung ergibt aber trotzdem Sinn, denn in der Regel sind Teams nicht sofort und im ersten Versuch in der Lage, für offene Fragen, Themen oder Konflikte sofort praktikable und zielführende Lösungen zu entwickeln. Es muss sich erst ein gewisser Leidensdruck (in Phase 2) aufbauen, ehe man gemeinsam zu Lösungen, Festlegungen, Routinen kommen kann.

Aufgabe der Führung ist es in diesem Moment, Klärungen festzuhalten und Regeln explizit zu machen, um Rückfälle zu verhindern.

4. Hochleistungsphase (Performing)

Regeln klar, Aufgaben klar und Kompetenzen klar. Durch diese Transparenz ist die vierte Phase der Teamuhr gekennzeichnet. Das Team ist nicht mehr mit sich selbst beschäftigt, es kann sich voll und ganz der Aufgabe widmen und Leistung produzieren. Im Idealfall ist es in der Lage, selbstständig Konflikte zu lösen, neue Aufgaben zu verteilen und sich veränderten Anforderungen zu stellen.

Führung hält sich nach diesem Modell in dieser Phase vor allem raus, denn das Team verfügt über eine große Kompetenz, seine Probleme selbst zu regeln.

In der Praxis muss Führung jedoch häufig den Rahmen setzen, Ziele schärfen, Erfolgsbedingungen schaffen (Kapazität), Störungen und Einflüsse von außen fernhalten beziehungsweise so für das Team übersetzen, dass es damit umgehen kann.

5. Auflösungsphase (Adjourning)

Bei (hoffentlich) jedem Projekt kommt der Moment, in dem die Ziele erreicht und die Aufgaben erledigt sind. Dann zerstreuen sich alle wieder dahin, woher sie gekommen sind (in die Fachabteilung), oder nehmen eine neue temporäre Heimat an (Projektvagabunden).

Aus diesem Grund ist es notwendig, auch das Ende eines Teams als Arbeitsphase zu verstehen. Oft stellt sich dies so dar, das einzelne Teammitglieder immer weniger zu sehen sind, unzuverlässiger arbeiten, mehr neue (womöglich spannendere) Aufgaben im Kopf haben oder einfach anderen Prioritäten folgen müssen.

Dies nicht als einen wieder sehr emotionalen Prozess des Verlassenwerdens zu gestalten, sondern aktiv als Trennung, die die Sicherung der gemachten Erfahrungen, die Umsetzung von Lern- und Entwicklungsschritten für den Einzelnen sichert, stellt die besondere Herausforderung von Führung in dieser Phase dar (auch wenn schon neue Prioritäten warten).

Was heißt das für agile Teams?

Die Übergänge zwischen den Phasen der Teamentwicklung verlaufen nicht automatisch. Wenn Teams agil sein sollen, ist es notwendig, dass sie die Phasen möglichst schnell durchleben. Aber ist dies möglich? Kann man dann die Phasenübergänge beschleunigen? Oder anders gefragt: Kann ich am Gras ziehen, damit es schneller wächst?

Natürlich nicht, aber ich kann (wie beim Gras) günstige Wachstumsbedingungen schaffen. Und die sind extrem bedeutend für agile Teams, weil für sie einige wichtige Erfolgsvoraussetzungen, die für klassische Teams genannt werden, nur eingeschränkt gelten:

- eine über längere Zeit konstante Teamzusammensetzung,
- ein konstantes Ziel.

Agile Teams sollen sich an Prioritäten orientieren, die sich ständig verschieben, wodurch sich auch das gemeinsame Ziel des Teams verändern kann. Schon das ist eine nicht zu unterschätzende Herausforderung für ein Team. Aber diese sich verschiebenden Prioritäten (entweder innerhalb der Aufgaben des eigenen Teams oder in anderen Bereichen des Unternehmens) haben in der Praxis zur Folge, dass darüber hinaus auch die Besetzung des Teams nicht stabil ist. Auch kann es notwendig werden phasenweise neue Mitglieder ins Team zu holen, um kurzfristige Engpässe an spezifischen Spezialisierungen abzudecken (vergleiche Kapitel 5.5).

Durch diese mit der agilen Arbeitsweise einhergehende Flexibilität (hinsichtlich Ziel und Besetzung) sind agile Teams viel stärker in Bewegung als herkömmliche Teams. Sie befinden sich zumindest streckenweise in Phasen permanenter Reorganisation und die Herausforderung für agile Teams besteht darin, die Phasen der Teamuhr immer wieder zu durchlaufen. Die Fähigkeit sich auf diesen Prozess einzulassen und sich möglichst rasch in die Hochleistungsphase zu versetzen, ist zentrales Erfolgskriterium für agile Teams. Gelingt dies nicht, ist die Wahrscheinlichkeit des Scheiterns extrem hoch.

Ungeachtet dieser hohen Anforderung an agile Teams, gelingt es agilen Teams in der Praxis oftmals verblüffend schnell diese komplexe Herausforderung zu meistern. Dies hat damit zu tun, dass agile Arbeitsweisen auch besondere Hilfestellungen zur Verfügung stellen, die günstige Bedingungen schaffen, um das schnelle Durchschreiten der Teamuhr zu ermöglichen. Unserer Erfahrung nach lassen sich zumindest vier Punkte benennen, die den Nährboden dafür bieten, dass die agile Saat besonders schnell wachsen kann:

- der agile Coach unterstützt den Teamprozess,
- regelmäßige Meetings schaffen soziale Räume,
- Transparenz reduziert Konfliktpotenziale und
- die Selbststeuerungsfähigkeit schafft Räume zum Aushandeln von Teamregeln.

Agiler Coach

Tipp

In der Beschreibung der einzelnen Phasen der Teamuhr wurde (hoffentlich) deutlich, dass der Führungskraft eine wesentliche Rolle zukommt. Diese unterstützt das Team dabei miteinander warm zu werden, sorgt dafür, dass Konflikte auf den Tisch kommen, hilft dabei wesentliche Erkenntnisse festzuhalten und ist dafür zuständig, dass die Ergebnisse der Teamarbeit abgeschlossen und nachhaltig nutzbar bleiben. Die Führungskraft ist also im Wesentlichen dazu da, den Teamprozess zu unterstützen.

Und dies ist durchaus – so unsere Erfahrung – für viele Führungskräfte ein Novum oder zumindest eine ungewohnte Fokussierung ihrer sonst gewohnten Rolle. Denn im Normalfall hat die Führungskraft neben dieser Prozessverantwortung vor allem auch Ergebnisverantwortung und eine disziplinarische Funktion. Mitunter kann es passieren, dass sich diese unterschiedlichen Aufgabenbereiche behindern: So kann eine zu starke

Ausrichtung auf die Ergebnisse etwa dazu führen, dass die Phase 2 (Nahkampfphase) zu umschiffen versucht wird, da »nun gerade wirklich keine Zeit ist, Konflikte hochkochen zu lassen, wo wir doch ohnehin schon im Verzug sind.« Nur holt einen dieses Versäumnis bei agiler Arbeitsweise schnell ein, durch das wiederkehrende Durchlaufen sind ungelöste Konflikte viel präsenter und mitunter kritischer.

Die oben beschriebenen Aufgaben der Führungskraft werden von einer spezifischen Rolle des agilen Coachs übernommen, der darauf spezialisiert ist, sich auf den Prozess des Teams zu kümmern. Sein großer Vorteil besteht darin, dass er keine disziplinarische oder Ergebnisverantwortung trägt (hierfür sind immer noch Führungskraft bei ersterem und Product Owner bei letzterem zuständig) wodurch mögliche Konflikte zwischen diesen Rollenanforderungen im Vorfeld beseitigt sind. Ob das Team mit ihren Ergebnissen im Verzug ist oder nicht, interessiert ihn nur nachrangig. Wenn er bemerkt, dass der Teamprozess ins Stocken geraten ist, weil Konflikte nicht bearbeitet wurden, so ist es sein vorrangiges Ziel genau darauf aufmerksam zu machen und alles zu tun, um das Team bei einer Konfliktlösung zu unterstützen.

Natürlich gibt es auch Situationen in denen dem agilen Coach genau diese anderen Rollenbestandteile, die vormals die Führungskraft in einer Rolle vereint hat, fehlen. Gerade dann wenn es etwa um Personalentscheidungen geht (»Uns fehlt ein Spezialist für XY«) ist es wichtig, dass die Führungsebene (sei es eine Führungskraft für das Team oder mehrere Linienführungskräfte) mit ins Boot geholt wird. Bei Konflikten, die eine disziplinarische Lösung erfordern, ist es entscheidend, dass Eskalationswege für den agilen Coach schon beschrieben sind.

Regelmäßige Meetings
In einigen agilen Methoden wie zum Beispiel Scrum und Kanban stellen tägliche Treffen eine zentrale Praktik dar. Diese sorgen für einen starken Zusammenhalt im Team, indem sie soziale Räume schaffen in denen Gemeinschaftsgefühl entstehen kann. Zusammengehörigkeit wird so sinnlich erfahrbar, und zwar auch für Teams, die örtlich verteilt arbeiten. Man trifft sich regelmäßig, entweder am realen Team Board (siehe Kapitel 4.3) oder an seiner virtuellen Nachbildung. Und eben nicht nur, »wenn was ist«. Dieses Gefühl der Zusammengehörigkeit stellt die Basis für gemeinsame Verantwortungsübernahme dar.

Praxis

Die gemeinsame Retrospektive ist der wichtigste Lernort für die Teams. Die erste Anforderung an das Team ist es, regelmäßig eine Positionsbestimmung und Auswertung der eigenen Arbeit vorzunehmen und genau dies geschieht in diesem Meeting. Die Retrospektive ist in agilen Teams so bedeutsam, weil diese Teams keine fest gefügten Abteilungen sind, in denen die Hierarchie und die Zeit Probleme bewältigt. Agile Teams müssen Erwartungen, Rollen und Konflikte viel schneller behandeln. Nur so haben sie überhaupt die Chance, an der Entwicklung ihres Teams konsequent zu arbeiten und die Hochleistungsphase zu erreichen.

Daneben gibt es auch noch weitere fixe Meetings wie Planungstreffen, in denen das Team die anstehende Iteration plant oder Daily Meetings. All diese Treffen stellen Rituale dar, deren Bedeutsamkeit innerhalb der Teamentwicklung nicht oft genug betont werden kann: Wir Menschen lernen nicht beim Fehlermachen, wir lernen beim Reflektieren über unser Vorgehen und seinen Erfolg oder auch Misserfolg. Und das gilt im Team noch einmal besonders, denn was für den einen ein Misserfolg ist, ist für den anderen doch gerade noch mal gut gegangen.

Die Rituale vor allem sind es, die aus der gemeinsamen Positionsbestimmung (gut, dass wir drüber geredet haben) das Team auch zum Handeln bringen: »Was machen wir innerhalb der nächsten Iteration anders als bisher?« Und so wird auch gewährleistet, dass nicht nur der Einzelne lernt, sondern das gesamte Team gemeinsam abgestimmte Konsequenzen zieht und umsetzt.

Transparenz

Transparenz wird in agilen Frameworks auf verschiedenen Ebenen für alle Teammitglieder hergestellt: Das klare Rollenkonzept mit beschriebenen Zuständigkeiten für Teammitglieder, agilen Coach und Product Owner macht Zuständigkeiten und Grenzen der eigenen Rolle explizit. Die Gesamtaufgabe sowie die gerade anstehenden Aufgaben sowohl von meinem Team als auch von anderen Teams sind tagesaktuell vorhanden und für das Team einsehbar (Product Backlog, Sprint Backlog). Auch über die Prozesse im Team herrscht Transparenz, da das Team selbst entscheidet – etwa darüber, wer welche Aufgabe übernimmt und weshalb dies in dieser oder jener Reihenfolge zu erfolgen hat. Und schlussendlich ist auch klar, in welchen Meetings was besprochen wird und was dort gerade auch keinen Platz hat! (In der Retrospektive geht es nur um den Prozess, im Review werden die Ergebnisse angesehen.)

Diese umfassende Klarheit über Rollen, Aufgaben, Prozesse und Strukturen tragen dazu bei, dass gerade in der Phase 2 (Nahkampfphase) mögliche Konfliktfelder im Vorhinein reduziert werden. Transparenz hat hier vor allem die Funktion, die Zahl der möglichen Schauplätze in denen Nahkämpfe ausgetragen werden drastisch einzuschränken. Dadurch wird sowohl für das Team als auch den agilen Coach das »Schlachtfeld« übersichtlicher, Konflikte können schneller erkannt, benannt und geklärt werden.

Selbstorganisationsfähigkeit

Agile Teams haben den Auftrag und den Ansatz sich selbst zu steuern. Dies schafft Räume für das Aushandeln von Regeln und Vorgehensweise (Phase 3 – Regelungsphase).

Immer wieder beobachten wir, dass es neu zusammengesetzten Teams, die noch dazu aus Teammitgliedern bestehen, die wenig Erfahrung mit dieser Arbeitsweise haben, Schwierigkeiten haben sich über ihre Themen auszutauschen. Manchmal fällt es schwer, Konflikte zu benennen (Man könnte dem anderen ja auf den Schlips treten) oder aber das Gegenteil ist der Fall und Konflikte werden in einer Form angesprochen, dass sie eher von einer Lösung wegführen, da sie Missmut und Reaktanz beim Gegenüber hervorrufen.

Die Fähigkeit als Team miteinander so zu kommunizieren, dass es den gemeinsamen Zielen am dienlichsten ist, erfordert eine gewisse Übung. Gerade durch die Notwendigkeit, Dinge gemeinsam zu klären und der Rahmen, der hierfür vorgegeben ist, versetzt Teams schnell in die Lage diese Fähigkeit zu erlernen – genau genommen bleibt ihnen keine Wahl. Und es ist verblüffend, dass gerade neue Teammitglieder sehr schnell den Drive eines eingespielten Teams übernehmen (in der Psychologie wird von »Lernen am Modell« gesprochen). Gerade in Hinblick auf wechselnde Zusammensetzungen agiler Teams ist dies ein entscheidender Vorteil.

Tipp

Damit diese gelebte Praxis der Selbstorganisation gelebt und weitergegeben werden kann, ist es wichtig darauf zu achten, dass eine kritische Masse des Teams mit Teamarbeit und Selbstorganisation vertraut ist. Zugleich stellt auch die Erfahrung im Team ein wesentliches Auswahlkriterium für neue Mitglieder, die ins agile Team geholt werden, dar.

5.7 Veränderte Führungsrollen

Warum eigentlich Führung trotz agiler Selbstorganisation?

Agile Teams organisieren sich selbst – wie das funktioniert und welche Vorteile es mit sich bringt, haben wir in den vorherigen Kapiteln gesehen. Braucht ein solches Team überhaupt noch Führung von außen? Oder ist

Führung im klassischen Sinn entbehrlich und verhindert schlimmstenfalls sogar die erwünschte Selbstorganisation im Team?

Diese Frage wird immer wieder gerne und kontrovers diskutiert – in Management-Kreisen ebenso wie in der Fachliteratur.

Beispiel:

Praxis

Szene aus der Morning Session einer hochkarätig besetzten agilen Fachtagung: hitzige Diskussion zu früher Stunde. Sobald der Moderator die These in den Raum stellt, auch bei agilem Arbeiten brauche es möglicherweise Führung, entbrennt ein heftiges Wortgefecht zwischen den beiden Fraktionen im Teilnehmerkreis: Führung und agil, das sei doch ein Widerspruch in sich – und mit jeder Führungsintervention werde die erfolgreiche Selbststeuerung des agilen Teams verhindert oder zumindest eingeschränkt – so die eine Position in diesem Wettstreit der Überzeugungen. Widerspruch, euer Ehren, heißt es auf der anderen Seite: Ohne Führung fehle dem agilen Team doch jede Orientierung und Sicherheit – das könne nur schiefgehen über kurz oder lang und eigne sich bestenfalls als soziales Experiment, nicht aber im Umfeld eines wirtschaftlich arbeitenden Unternehmens!

Die Frage, welche Art und Dosis von Führung ein Team braucht, um Höchstleistungen zu erbringen, ist keineswegs erst in Bezug auf agile Teams aufgekommen.

Mit Blick auf herkömmliche Teams ist sie seit gut fünfzig Jahren immer wieder Gegenstand von arbeitspsychologischer Forschung und Fachdiskussionen. Bereits der US-amerikanische Psychologe Bruce Tuckman (1965) warf mit der Entwicklung seines Phasenmodell der Teamentwicklung (siehe Kapitel Teamdynamik) die Kernfrage auf: Wann genau und wodurch trägt das richtige Führungshandeln dazu bei, den Entwicklungsfortschritt eines Teams hin zum Performing – also hin zur Leistungsphase – zu fördern oder zu beschleunigen?

Agile Teams brauchen Führung

Wir sagen ganz klar: Führung ist nötig! Auch ein agiles Team kann keineswegs auf Führung verzichten. Im Gegenteil: Der verbindliche Rahmen, innerhalb dessen das Team agiert, fällt nicht vom Himmel und kann auch vom besten agilen Team nicht selbst definiert werden. Er muss vor dem Start der Teamarbeit festgelegt werden. Nur so haben die Mitarbeiter die nötige Orientierung, unter welchen Bedingungen sie eigenständig und selbstorganisiert handeln können.

These

» Mit der verbindlichen Orientierung, für welchen Kunden und mit welcher Nutzenerwartung die Arbeitsergebnisse des agilen Teams benötigt werden, entsteht nämlich erst das Fundament für effiziente Kommunikation und Abstimmung im Team.

Führung also erst recht, aber doch anders – und zwar als notwendige Voraussetzung für die erfolgreiche Selbstorganisation im agilen Team.

Was passiert, wenn ein solcher Rahmen fehlt?

Unserer Erfahrung nach tritt ziemlich gehäuft, quasi als erstes Symptom dieses Fehlens, Unzufriedenheit der Teammitglieder auf. Diese wird oft nicht unmittelbar auf das Fehlen des Führungshandelns zurückgeführt sondern auf Abstimmungsschwierigkeiten, unnötige Mehrarbeit etwa durch Doppelarbeiten oder langes Hin- und Her an Stellen, die eigentlich einer Entscheidung bedürften. Werden diese Symptome länger ignoriert, so kann dies zu langen, mühsamen, die Motivation und Gesundheit gefährdenden Prozessen führen, die auf der Ergebnisseite mit eklatanten Zielverfehlungen verbunden sind.

Praxis

Um diesen unerwünschten Symptomen zu entgehen ist es aus unserer Sicht entscheidend, folgende Erfolgsfaktoren für die Arbeit von agilen Teams zu berücksichtigen:

Erfolgsfaktoren für das agile Team:

- Das agile Team braucht Führung.
- Das agile Team braucht ein Ziel.
- Das agile Team braucht Selbstständigkeit und Rahmenbedingungen.
- Das agile Team braucht eine Verteilung von Aufgaben und Rollen.
- Das agile Team braucht schnelle Kommunikation.
- Das agile Team braucht Feedback und Erfolgserlebnisse.

Einige dieser Erfolgsfaktoren (Kommunikation, Feedback, Teamentwicklung) haben wir in den vorangegangenen Kapiteln behandelt. Hier soll es nun vor allem um die Leitplanken gehen, die das Ziel des agilen Teams und seine Rahmenbedingungen beinhalten.

Bedarf nach Führung

Werfen wir an dieser Stelle einen Blick, genauer gesagt zwei Blicke auf den Bedarf nach Führung: An welchen Stellen braucht ein Unternehmen Führungsinterventionen und Führungsinstrumente gegenüber seinen agilen Teams? Und zweitens: Wo ist ein agiles Team auf Führung angewiesen? Anders ausgedrückt: Wie sieht es mit der Nachfrage hinsichtlich Führung aus Sicht eines agilen Teams aus: Wann ist Orientierung, wann sind Entscheidungen gefragt – und wann eben auch nicht?

Aus der Perspektive eines Unternehmens bedarf es zunächst eines kurzen Blicks auf den Sinn und Zweck der Selbstorganisation eines agilen Teams: Was veranlasst ein Unternehmen, ein Team zur Selbststeuerung zu ermächtigen, diese zu fördern, aber auch einzufordern?

Teamarbeit = Wettbewerbsfaktor

Trotz aller Unterschiede zeigen die Erfahrungen vieler Industrieunternehmen bei der Einführung und Weiterentwicklung von Gruppen- und Teamarbeit aus den letzten zwanzig Jahren eines ganz deutlich: Auf die Dauer arbeiten Teams und Gruppen nur dann mit hoher Motivation an der Erbringung besonderer Leistungen, wenn diese Form der Arbeitsorganisation vom Management als Wettbewerbsfaktor und Führungsinstrument erkannt und bewusst gestaltet wird. Mit anderen Worten: Selbststeuerung von Teams wird in den erfolgreichen Unternehmen nicht etwa als Selbstzweck eingeführt. Ebenso wenig ist sie als (pseudo-)demokratisches Credo zu verstehen und erst recht nicht als Kunst am Bau im Sinne eines »das tun wir eben für das Wohlbefinden unserer Mitarbeiter«. Nein, die Einführung von Selbststeuerung verfolgt eine ganz konkrete unternehmerische Zielsetzung. Sie sorgt auf Dauer dafür, dass die Belegschaft sich durch die selbstständige Arbeit weitere Kompetenzen aneignet, dass sie die Komplexität von ihren eigenen Arbeitsprozessen beherrscht. Auch die Fähigkeit von Mitarbeitern, auf ein turbulentes Umfeld adäquat zu reagieren, steigt mit der Eigensteuerung – alles Wettbewerbsvorteile für das Unternehmen. Dies unterscheidet den Blick auf Teamarbeit nun allerdings ganz wesentlich von einer eher sozialromantisch geprägten Variante, in der die Qualifizierungs- und Abstimmungsaufwände der Teams eher als lästiges Übel, nicht aber als Investition in die eigene Wettbewerbsfähigkeit empfunden werden.

Also bis hierhin: Führung muss sein – auch und gerade bei einem agilen Team, das sich selbst organisiert.

Wie sich agiles Führen praktisch umsetzen lässt – Leitplanken

Führung teils von außerhalb, teils von innerhalb des Teams

Um den Blick auf die konkreten Führungsaufgaben zu schärfen, hilft zunächst die folgende Unterscheidung: Ein erster wesentlicher Teil von Führung muss von außerhalb des Teams erfolgen, also durch Führungspersonen, die nicht selbst zum agilen Team gehören. Der zweite, nicht minder bedeutsame Teil von Führung wird innerhalb des agilen Teams wahrgenommen, also von Akteuren, die zum Team gehören. Mit den teaminternen Führungsrollen, wie den agilen Coach, haben wir uns schon eingehend an verschiedenen Stellen beschäftigt. Hier geht es nun um die Führung von außen, die erst die notwendigen Voraussetzungen für die Führung und Selbstorganisation im Team schafft.

Voraussetzung für Selbstorganisation: ein gemeinsames Zielverständnis

Zitat

»Ein Team ist eine kleine Gruppe von Personen, deren Fähigkeiten einander ergänzen und die sich für eine gemeinsame Sache, gemeinsame Leistungsziele und einen gemeinsamen Arbeitsansatz engagieren und gegenseitig zur Verantwortung ziehen.«

Jon R. Katzenbach; Douglas K. Smith, Berater & frühe Protagonisten der Teamarbeit

Die Zielorientierung, das gemeinsame Leistungsziel, ist das A und O, wenn ein Team Hochleistung bringen soll. Dieses Ziel so klarzumachen, dass jeder zu jedem Zeitpunkt weiß, was erwartet wird und worauf es dabei ankommt, ist Aufgabe der Teamleitung.

Wer ist unser Kunde, was genau benötigt er von uns, woran merken wir, dass wir auf dem richtigen Weg sind mit unserer Leistungserbringung, mit dem, was wir liefern? Über diese Fragen muss es im Team einen Konsens geben, damit es sinnvoll, selbstorganisiert arbeiten kann. Dem Team und jedem seiner Mitglieder muss zunächst einmal klar werden, was vom Team erwartet wird und worauf es in der Teamarbeit ankommt – und zwar ganz konkret im Hier und Jetzt.

Orientierung durch Leitplanken

Die Orientierung für ein agiles Team wird durch Leitplanken geschaffen – Leitplanken aus geschriebenen und gesprochenen Worten sowie ausdrucksvollen Bildern. Wie physische Leitplanken aus verzinktem Stahlblech an einer kurvenreichen Landstraße geben sie die Richtung vor und verhindern, dass man vom richtigen Weg – der ans Ziel führt – abkommt.

Diese Leitplanken stecken den verbindlichen Handlungsrahmen für jedes agile Team ab: Sie geben Orientierung über Richtung und Ziel der Arbeit im Team, definieren, was vom Team und seinen Mitgliedern erwartet wird, und stecken schließlich den Rahmen ab, innerhalb dessen das Team ermächtigt und gefordert ist, seine Arbeitsprozesse eigenverantwortlich zu organisieren. Leitplanken sind allerdings kein enges Korsett, sondern geben dem Team immer noch ausreichend Freiräume, um diese (kreativ) selbst zu gestalten. Das macht den Unterschied zu reinen Vorgaben, es kommt auf die richtige Balance zwischen ausreichend Orientierung und Spielräumen für Selbstgestaltung an.

In den Leitplanken geht es darum, Folgendes festzulegen:

- Was ist das Ziel des Teams?
- Was sind die Aufgabenstellungen?
- Wie soll das agile Team arbeiten?
- Wie wird das Team besetzt?
- Welche Spielregeln gelten für die agile Teamarbeit?

Leitplanken: typische Elemente oder »Was gehört dazu?«

Tipp

- Wer sind die Auftraggeber?
- Beginn? – Ende?
- Was wollen wir?
- Was wollen wir nicht?
- Wie sollen die Teams arbeiten?
- Wie wird die Teambesetzung organisiert?
- Wie setzen sich die Teams zusammen?
- Was erwarten wir vom Abschlussbericht?
- Was geschieht mit den Resultaten?
- Wie evaluieren wir die Ergebnisse?

Leitplanken erarbeiten

Diese Leitplanken für das agile Team fallen allerdings leider nicht vom Himmel und lassen sich auch nur selten aus einem klugen Buch oder von der Nachbarabteilung abschreiben. Denn für jedes Team muss entschieden werden, wie eng die Leitplanken sind, wie viel Handlungsspielraum sie dem Team also gewähren. Diese Entscheidung hängt zum Beispiel davon ab, wie erfahren und kompetent die Teammitglieder sind. Ein sehr gut eingespieltes Team wird weniger enge Leitplanken benötigen als eines, das die Zusammenarbeit gerade erst erprobt. Und nicht zuletzt spielt auch der Unternehmensbereich, in dem das Team angesiedelt ist, eine Rolle: Ist es in der Administration tätig, wird es wahrscheinlich eher darum gehen, wie das Team mit Engpässen umgeht, was engere Leitplanken erfordert als etwa im kreativen Bereich günstig sind.

Wann immer also ein agiles Team auf den Weg gebracht werden soll, muss sich jemand die Mühe machen und Leitplanken formulieren – oder zumindest die bereits vorhandenen Regeln, Orientierungssätze und Vorgaben überprüfen. Auch wenn bereits ein Vorgängerteam existierte, das jedoch nicht nach agilen Prinzipien, sondern üblicherweise nach Anweisung und Kontrolle von Einzelaufgaben gearbeitet hat, werden die vorhandenen Maßgaben für ein agiles Team nicht klar genug sein, um den Rahmen für dessen Eigeninitiative und Selbststeuerung zu umreißen.

Leitplanken sind veränderlich

Die zuletzt beschriebenen Leitplanken bilden die Grundlage jeder agilen Teamarbeit – allerdings sind sie kein fest verankertes Fundament: Denn wie bereits in Kapitel 1.1 dargestellt, ist das agile Team gerade durch den Umgang mit Rahmenbedingungen gekennzeichnet, die sich häufig und auf vielfältige Weise ändern. Diese Änderungen, auch in den Erwartungen an das Team, können aus dem betrieblichen Umfeld herrühren oder sich aus Veränderungen am Markt oder des Wettbewerbs ergeben. Was bedeuten nun solche Änderungen für die Leitplanken der agilen Teamarbeit? Nicht mehr und nicht weniger, als dass auch die ursprünglich eingeschlagenen Pflöcke, an denen sich das Team in seiner Arbeit orientieren soll und muss, in beweglichem Grund und Boden stecken: Mit Veränderungen der Zielsetzung, der Rahmenbedingungen, der Erfolgskriterien für das agile Team ist unterwegs stets zu rechnen.

Wenn die Beteiligten nun aber tatsächlich davon ausgehen müssten, dass sich alle Leitplanken des agilen Teams jederzeit ändern können, dann würde das vermutlich geradewegs in die Beliebigkeit führen: Niemand würde die Leitplanken noch ernst nehmen als Orientierung, weder im Team noch im Führungssystem des Unternehmens um das Team herum. Deshalb braucht es für die Überprüfung und Anpassung verbindliche und transparente Regeln – man könnte von Leitplanken für die Änderung von Leitplanken sprechen. Welche Regeln kennen wir bereits und welche gilt es noch zu definieren?

Anpassung von Leitplanken für das agile Team

Ein zentraler Anlass zur Überprüfung und gegebenenfalls Anpassung von Leitplanken wurde bereits in Kapitel 3.1 »Agiles Projektmanagement« beschrieben: Die Retrospektive bietet den regelmäßigen Rahmen zur Auswertung der Zusammenarbeit im Team, aber ebenso mit dem Product Owner und den Stakeholdern im Management. Zu den typischen Punkten auf der Agenda einer Team-Retrospektive gehört auch die Auswertung, wie die Zusammenarbeit mit dem Kunden beziehungsweise dem Product Owner als Vertreter der Kundeninteressen gelaufen ist. Und wenn es hier zu Unstimmigkeiten kommt, dann hat das häufig mit lückenhaften Leitplanken zu tun. Oder mit Leitplanken, die nicht mehr zu den Erwartungen der Beteiligten passen. Denn zu den Grundprinzipien der agilen Teamarbeit gehört die kontinuierliche Entwicklung von Kompetenz und Know-how: Das Team verbessert von Sprint zu Sprint seine Fähigkeiten zur realistischen Schätzung von Aufwänden, die Selbstorganisation und Abstimmung im Team sowie mit den Führungskräften wird kontinuierlich ausgewertet und aus jeder Auswertung – auch und gerade von den Pannen und Missgeschicken – ergibt sich eine nächste Lern- oder Entwicklungsmöglichkeit. Nun ahnen Sie vermutlich bereits, was das für die Veränderung von Leitplanken zur Folge hat.

Ganz richtig, wenn sich die agilen Prozesse erst einmal gut eingespielt haben, dann kommt das agile Team früher oder später an einen Punkt, wo die Leitplanken als einengend, als zu restriktiv empfunden werden. Und nicht zuletzt erhoffen und erwarten auch die Weitsichtigen unter den Führungskräften, dass das Team schrittweise mehr Verantwortung übernehmen kann und somit die Belastung für das Führungspersonal abnimmt. Das ist nachvollziehbar und erfreulich – erfordert aber rechtzeitige Anpassung.

Das strategische Ziel heißt also Erweiterung von Leitplanken und Handlungsspielraum. Aber auch das Gegenteil kann in bestimmten Fällen erforderlich werden. In der Beratungsarbeit mit agilen Teams mussten wir auch immer wieder feststellen, dass sich die zum Start definierten Leitplanken im Laufe der Zeit als lückenhaft oder ergänzungsbedürftig erwiesen, wenn das Team nicht ausreichend orientiert ist. Wenn zum Beispiel die Leitplanken nicht enthalten, wie das Team mit Veränderungsanforderung umgeht, werden diese möglicherweise als Gängelei angesehen, nicht als Normalität in der agilen Teamarbeit.

Zur Verdeutlichung zeigen wir im folgenden Abschnitt an einem Praxisbeispiel aus der Industrie, wie sich lückenhafte Leitplanken im Alltag der agilen Teamarbeit auswirken können – und was zu tun ist, um die Lücke zu schließen.

Praxisbeispiel Anpassung von Leitplanken

Praxis

Das Team ist vor einigen Wochen mit viel Schwung und etwas Skepsis in die agile Arbeit gestartet. Alle zwei Wochen werden mit dem Teamleiter die Aufgaben für den nächsten Sprint abgeschätzt und vereinbart – das tägliche Stand-up-Treffen um die Mittagszeit dient entsprechend den Leitplanken des Teams zur kurzen gegenseitigen Abstimmung, wer wo steht und was als Nächstes getan werden soll.

Nach einigen Wochen wird im Team die Frage aufgeworfen, ob dieses tägliche Treffen denn eigentlich wirklich so häufig stattfinden müsse, wie sich Aufwand und Nutzen zueinander verhielten und ob es nicht auch in Ordnung wäre, sich jeden zweiten Tag zu treffen. Bei der Retrospektive, also der Auswertung des letzten Sprints im Team, stellt sich heraus, dass zwar einige Teammitglieder das tägliche Treffen und die dort ausgetauschten Informationen schätzen, der größere Teil des Teams aber das tägliche Antreten und Berichten als lästige Pflichtübung empfindet.

Bei näherem Nachfragen wird deutlich, dass es überhaupt kein klares Bild darüber gibt, ob und welche Veränderungen die Leitung denn im Zuge der agilen Teamarbeit erwartet. Bisher war die Arbeit im Team durch hoch spezialisierte Einzelaufgaben geprägt – »Jeder macht seins«, lautete das Motto, denn das kann er ja am besten. Wenig überraschend ist es deswegen immer wieder zu kritischem Terminverzug in der Lieferung von Ergebnissen gekommen, weil einzelne Teammitglieder zu stark belastet waren. Gleichzeitig hatten die Kollegen am Nachbartisch mitunter gerade nicht so viel zu tun, konnten aber wegen der strikten Aufgabenzuteilung und ihrer ausgeprägten fachlichen Spezialisierung selten unterstützen, sondern bestenfalls trösten oder mal einen Kaffee und Schokolade als Nervennahrung reichen.

Mit dem Start in die agile Teamarbeit war nun allerdings die feste Erwartung von Team- und Abteilungsleitung verbunden, künftig die vereinbarten Liefertermine verbindlich einzuhalten und bei Engpässen durch gegenseitige Unterstützung flexibler reagieren zu können. Erst anlässlich des Konflikts um die tägliche Kurzbesprechung wurde offen ausgesprochen, was einige der Beteiligten schon geahnt, befürchtet oder gehofft hatten: Das agile Team stand vor der Herausforderung, seine gesamte Arbeitskultur zu verändern – nicht mehr und nicht weniger. Weg von der engmaschigen Zuteilung, Steuerung und Kontrolle von einzelnen Arbeitsaufgaben durch den Teamleiter – hin zu einer neuen, selbstorganisierten Kooperation im Team, die auf Transparenz, Vertrauen und gegenseitiger Unterstützung basiert.

Ziel war:
- *mehr gegenseitige Unterstützung im Team zu ermöglichen,*
- *Engpässe aufgrund hoher fachlicher Spezialisierung zu entschärfen,*
- *stärker als bisher Hand in Hand zu arbeiten und*
- *gemeinsam an priorisierten Aufgaben zu arbeiten.*

Die konkrete Erwartung der Führung, dass sich die Teammitglieder täglich austauschen und bei Bedarf gegenseitig unterstützen würden, war mit den Leitplanken nicht deutlich genug kommuniziert worden. Die Folgen sind oben beschrieben, die Abhilfe sah so aus: Ein kurzer, aber gut vorbereiteter Team-Workshop mit Teamleitung, Abteilungsleitung und externer Moderation sorgte für eindeutige Orientierung. Am Ende der lebhaften Diskussion über den Sinn und Zweck des agilen Arbeitens im Team stand das allgemeine Einvernehmen darüber, wie das tägliche Meeting ab sofort gehandhabt werden sollte. Die Ergebnisse wurden als Leitplanken für das Team schriftlich dokumentiert und nach Bedarf weiter ergänzt.

Manage das System und nicht die Arbeit ...

Fest steht, dass Führung weiter nötig ist – allerdings mit einem neuen Selbstverständnis. Mit agilem Vorgehen ändern sich die Führungsrollen. Während Führung bislang überwiegend zentral und hierarchisch organisiert ist, verteilt sie sich im agilen Kontext auf mehr Schultern und unterschiedliche Führungsrollen.

Eine schematische Zuordnung oder Überleitung von klassischen Führungsrollen zu den neuen agilen Rollen ist selten umsetzbar. Bei der Einführung eines agilen Vorgehens muss unternehmensspezifisch untersucht und festgelegt werden, welche neue Rolle mit welcher Führungs- oder Fachkraft besetzt werden kann.

Führungsrollen im agilen Kontext und ihre typischen Aufgaben

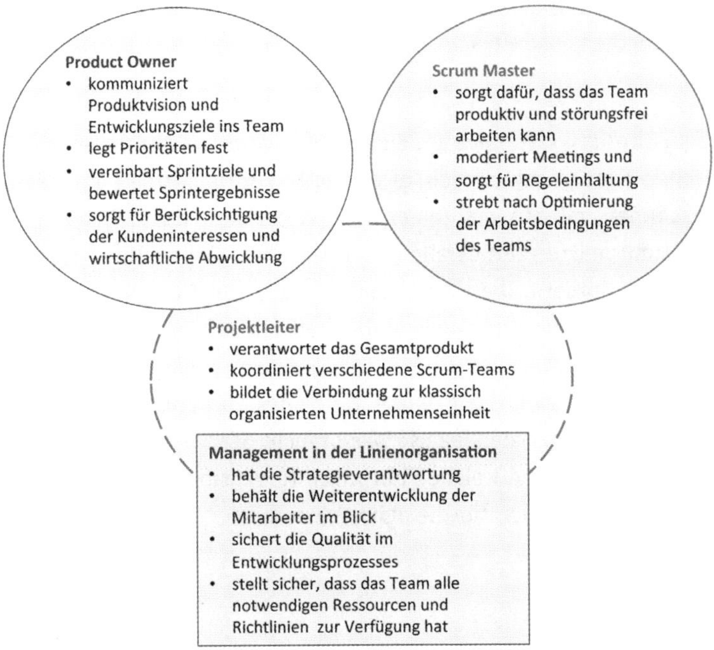

Führung im agilen Kontext bringt also neue Herausforderungen mit sich. In der agilen Praxis stellen sich Führungskräften andere Fragen als in einer klassischen Organisation. Und auf viele dieser Antworten gibt es keine vorgefertigten Antworten. Stattdessen helfen diese offenen Fragen jeder Führungskraft bei der Reflexion und schrittweisen Weiterentwicklung des eigenen Handelns:

Tipp

Leitfragen für die Führung agiler Teams

- Wie kann ich ein neues Team dabei unterstützen sich selbst zu steuern?
- Wie kann ich lernen, das notwendige Vertrauen in ein Team aufzubringen?
- Wie kann ich neue Kommunikationsstrukturen so einführen, dass sich alle beteiligt fühlen?
- Wie kann ich gewährleisten, dass die theoretischen Rollenbilder auch in der Praxis gelebt werden?
- Wie kann ich eine gute Zusammenarbeit auch mit Bereichen sicherstellen, die (noch) nicht agil arbeiten?

Sich als Führungskraft eines agilen Teams Gedanken über die eigene Rolle zu machen (und nicht einfach in die agile Führungsarbeit hineinzustolpern), können wir nur empfehlen. Sie verhindern dadurch, dass Sie in alte Führungsmuster zurückfallen und damit die Arbeit Ihres Teams eher behindern als fördern. Die Umstellung ist nicht nur für das Team, sondern auch für die Führungskraft nicht unbedingt einfach.

Wie unterscheidet sich die Art und Weise des Führens von agilen Teams von der Führung normaler Teams? Was braucht Stärkung und Betonung im Führungshandeln – und welche Führungsinterventionen sind weniger hilfreich oder gar hinderlich für die agile Teamarbeit?

Die folgende Übersicht zeigt, welche Art von Führungsinterventionen mit agiler Teamarbeit an Bedeutung gewinnen und welche eher eingeschränkt werden sollten – und wie die Teamleitung ihre Rolle entsprechend definieren kann.

Veränderung der Bedeutung von Führungsinterventionen

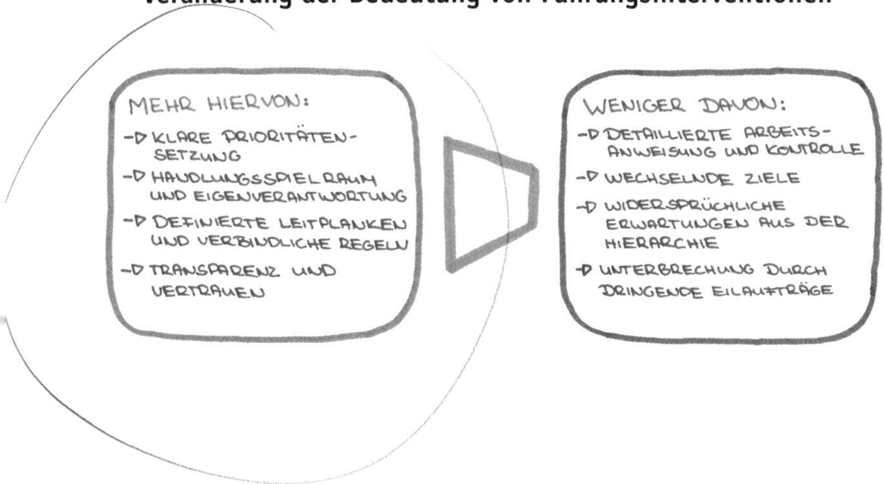

6. Der Agile Notfallkoffer – Lösungswege für kritische Situationen

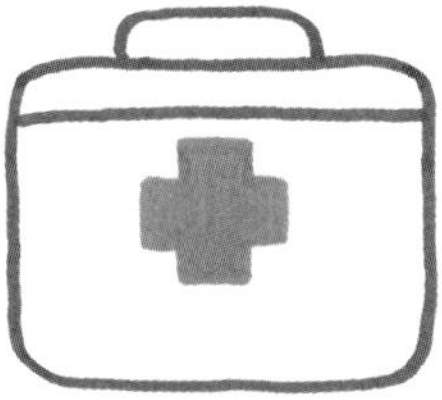

Im richtigen Leben und in jedem betrieblichen Leistungsprozess kommt es mitunter zu kritischen Situationen. Nicht anders verhält sich dies auch bei der Einführung und Anwendung agiler Teamarbeit. Aber agiles Arbeiten macht hier im Gegensatz zu klassisch hierarchischen Organisationen und Arbeitsformen einen Unterschied. Denn hier sind in kritischen Situationen nicht nur wie sonst so oft die Führungskräfte am Zug, denen ihrem Selbstverständnis nach die Rolle als Brandlöscher ja bisweilen durchaus entgegenkommt. Nein, bei Umgang mit kritischen Situationen sind bei agiler Arbeitsweise mindestens in gleichem Maße auch der agile Coach, der Product Owner und das Team selbst gefragt. Denn das Prinzip Selbstverantwortung legt auch die Verantwortung für die Lösung kritischer Situationen auf eine breitere Basis.

Für agile Teams gilt, was auch für andere Gemeinschaften wie Lebenspartnerschaften, Familien und den eigenen Freundeskreis gilt: Die Qualität zeigt sich nicht bei Sonnenschein, sondern erst, wenn es mal kriselt.

Im Folgenden finden Sie unsere magischen Sieben an kritischen Projektsituationen und Teamkonstellationen. Sie basieren auf unseren eigenen Erfahrungen, aber auch auf dem Austausch mit Kollegen und Führungskräften in agilen Unternehmen. Mit dem folgenden Kapitel möchten wir den Leser vorbereiten auf seine kritischen Momente und vermeintlichen Rückschläge, denn es wird diese geben – und wir möchten Lösungswege aufzeigen, die helfen können. Wir erheben dabei ausdrücklich keinen Anspruch auf Vollständigkeit, denn die Welt des Unvorhersehbaren ist groß und wir können auch nicht garantieren, dass dieser Notfallkoffer Ihnen als leicht anwendbares Basiswerkzeug immer hilft, einen Schritt weiter zu kommen. Gemäß dem agilen Prinzip der Selbstverantwortung müssen letztlich Sie selbst stets entscheiden, ob der vorgeschlagene Weg auch für Sie und Ihre Rahmenbedingungen passt. Aber selbst, wenn es nicht ganz passend erscheint, so bekommen Sie vielleicht doch einen Impuls für eine neue Wahrnehmung oder einen anderen, eigenen Lösungsweg für Ihr Problem.

6.1 Das agile Stellvertreter-Team

Die problematische Konstellation 1:
Als wir bei einem mittelständischen Maschinenbauunternehmen mit der Einführung von agiler Teamarbeit begannen, zeigte sich bereits in den ersten Tagen des Projektes eine Situation sehr deutlich, die wir auch in anderen Projekten in abgeschwächter Form erlebt hatten. Einige Mitglieder im agilen Projektteam beschwerten sich vehement über den hohen Zeitaufwand für die täglichen und zweiwöchentlichen Meetings: Der Aufwand stehe doch in keinem Verhältnis zum Nutzen, den sie selbst aus den Meetings zögen. Außerdem fiele im Meeting zur Sprint-Planung auf, dass einige im Team ohne Rücksprache mit ihrer Abteilung weder den erforderlichen Aufwand einschätzen noch ein Commitment zur Abarbeitung eingehen können oder wollen. Diese kritischen Stimmen, denen teilweise ein bissig-aggressiver Ton zugrunde lag, waren auch nicht nur ganz vereinzelte Stimmen, die etwa als Ausdruck persönlicher Abneigung verstanden hätten werden können. Beinahe in jedem neu gebildeten agilen Team fanden sich ein bis zwei solcher radikalen Kritiker. Schnell zeigte sich, dass diese in Fundamentalopposition zur agilen Teamarbeit gingen und es manchmal auch binnen kürzester Zeit schafften, einen Kreis von weiteren Zweiflern um sich zu scharen. Diese kritischen Stimmen, die sich ja in abgeschwächter Form in der Startphase vieler Projekte finden lassen, wurden mitunter zu einem ausgewachsenen Problem für die Stimmung und Motivation in der gerade neu eingeführten agilen Teamarbeit.

Was ist los?
In einer Großgruppenveranstaltung mit anschließenden Arbeitsphasen in Kleingruppen konnte der Sache auf den Grund gegangen werden. Es zeigte sich, dass hinter einer Reihe von zunächst als sachliche Argumente vorgebrachten Einwänden schlussendlich doch etwas anderes steckte. Die der agilen Teamarbeit besonders kritisch gegenüber eingestellten Personen entpuppten sich nämlich als Teilzeit-Mitglieder oder Stellvertreter-Mitglieder im agilen Team. Ihnen allen war gemein, dass sie weniger als zehn Pro-

zent ihrer wöchentlichen Arbeitszeit mit den Projektaufgaben des agilen Teams befasst waren, zugleich aber als Teamleiter gerne alles mitbekommen und steuern wollten und sich daher als Mitglied in das agile Team begeben hatten. Tatsächlich nahmen sie also überwiegend Aufgaben aus der Sprint-Planung mit und delegierten sie in ihrem Team weiter, ohne allerdings ein persönliches Commitment zur fokussierten Erledigung dieser Aufgaben einzugehen.

Der Lösungsansatz:

Tipp

Als dieses grundlegende Problem erst einmal erkannt war, zeigte sich schnell, warum eine derart gelebte agile Teamarbeit wenig Aussicht auf Erfolg hatte. Denn die Teilzeit-Teammitglieder konnten gar nicht genug in den agilen Prozess eintauchen, um dessen positiven Effekte zu spüren und sie behinderten das agile Team dabei, sein Potenzial zur Entfaltung zu bringen, da sie sich nicht persönlich zu den gemeinsamen Zielen des Teams committen konnten. Die bisher in der Organisation durchaus mit Erfolg praktizierte Formel »Ich kümmere mich um meine Angelegenheiten und deshalb verbringe ich so wenig Zeit wie möglich in Meetings und Abstimmungsrunden« funktionierte nun nicht mehr. Denn an die Stelle der Einzelkämpfer-Mentalität traten mit dem agilen Arbeiten nun die geteilte Verantwortung und das Commitment im Team.

Die Lösung lag auf der Hand: Die Teams mussten umbesetzt oder aber die Aufgaben in den betroffenen Abteilungen so umverteilt werden, dass sich jedes Team-Mitglied zu mindestens fünfzig Prozent ihrer Arbeitszeit mit den Aufgaben des agilen Team befassen konnte. Diese durchaus grundlegende Veränderung der bisher gelebten Organisationskultur setzte voraus, dass sich die Führung für diese Regelung einsetzte und diese auch, wo sie notwendig war, durchsetzte. Für die einzelnen Teilzeit-Teammitglieder, von denen manche in sechs oder mehr Projekten und Teams involviert waren, brachte diese Regelung eine Neuausrichtung ihrer Arbeitsweise mit sich. Die bisherige Praxis, auf möglichst vielen Hochzeiten zu tanzen, konnte mit der agilen Teamarbeit nicht beibehalten werden. Den einzelnen Mitarbeitern wurde zugemutet, sich in Abstimmung mit der Führung auf ein agiles Team zu begrenzen und dafür aber in dieses voll einzusteigen. Diese Notwendigkeit zur Entscheidung schaffte erst die Voraussetzung dafür sich tatsächlich auf den Teamprozess einzulassen und zu den Zielen des agilen Teams zu committen.

6.2 Die agile Daumenschraube

Die problematische Konstellation 2:
Folgende Situation trug sich so in einer technisch-administrativen Abteilung kurz nach dem Start der agilen Teamarbeit zu: Das agile Team traf sich täglich um die Mittagszeit zum Stand-up-Meeting vor seiner Teamtafel. Jeder berichtete den anderen, was er gestern getan hat, was er heute vorhat und welche Hindernisse ihm gegebenenfalls im Wege stehen. Nachdem sich das tägliche Meeting über zwei Wochen hinweg in den Augen der Initiatoren der agilen Teamarbeit recht gut eingespielt hatte, hing am Dienstag der dritten Woche plötzlich dieser hölzerne Nussknacker am Team-Board: ein mehr als deutlicher, symbolischer Protest eines Teammitglieds gegen das als »agile Daumenschraube« bezeichnete tägliche Meeting.

Was ist los?
In der unmittelbar folgenden, sehr offenen Diskussion mit dem agilen Coach wurde das tägliche Meeting am Board vom Urheber des symbolischen Protests als so empfundener Zwang zur Rechtfertigung bezeichnet und die damit einhergehende Transparenz über das persönliche Vorankommen als unangenehm. In den folgenden Gesprächen wurde deutlich, dass der Charakter des täglichen Meetings innerhalb des gleichen Teams sehr unterschiedlich erlebt und verstanden wurde: Während die überwiegende Mehrheit das Daily als kollegialen Austausch und notwendige Grundlage für die gegenseitige Unterstützung begriff und schätzte, hatten einige das Gefühl, sich vor dem agilen Coach und den Kollegen in ungewohnter Weise rechtfertigen zu sollen.

Der Lösungsansatz:
Trotz der unterschiedlichen Sichtweisen konnte man sich im Team schnell darauf verständigen, dass der Erfinder der Daumenschraube einen wesentlichen Beitrag zum Teamerfolg leistete, in dem er einen Missstand aufzeigte und auf die Nicht-Beachtung eines agilen Grundprinzips aufmerksam machte, nämlich die mangelnde Transparenz. So wurde in einem kurzfristig anberaumten Team-Workshop zunächst die Frage behandelt, wie ich Daily-Meetings erlebe und was sie für meine Arbeit bedeuten.

Tipp

Eine bemerkenswerte Erkenntnis bestand darin, dass einigen in den Meetings überhaupt nicht klar war, weshalb sie zu diesem oder jenem Aspekt ihrer täglichen Arbeit Auskunft geben sollten. Erst durch das Berichten was genau diese Information oder jener Arbeitsschritt mit meiner Arbeit zu tun hatte, konnten die Zusammenhänge der einzelnen Arbeiten ersichtlich werden. Es wurde deutlich, dass der angestaute Frust und Ärger über Daily Meetings vor allem daraus resultierten, dass deren Ziel nicht klar genug definiert war und die Aufgaben und Verantwortlichkeiten der einzelnen Rollen nicht für alle transparent kommuniziert waren. Das Unwissen darüber wie die einzelnen Arbeiten im Team ineinander greifen hat dazu geführt, dass Nachfragen von Einzelnen als Verhör interpretiert wurden.

In einem Workshop mit dem agilen Team, dem Product Owner und dem agilen Coach wurde an der Rollenklärung gearbeitet und die Erwartung der Führung verdeutlicht, dass sich die Mitglieder der Teams in Eigenregie und immer stärker gegenseitig unterstützen, um wichtige Kundentermine trotz auftretender Engpässe bestmöglich einzuhalten. Neben dem gemeinsamen Abgleich und einer Definition von Zielen für das Daily Meeting wurde als fester Bestandteil der agilen Teamarbeit ein Sonderpunkt in der alle zwei Wochen stattfindenden Auswertung des Sprints eingeführt. In der Sprint Retrospektive wurde explizit darauf Bezug genommen und kritisch überprüft ob und auf welche Weise die Daily Meetings für den Einzelnen Nutzen gestiftet haben: Was habe ich davon für meine Arbeit mitgenommen? Und wie konnten andere von den Informationen, die ich beigetragen habe profitieren? Dieser Austausch schafft ein tieferes Verständnis über die Sinnhaftigkeit der Meetings und auch ein umfassenderes Verständnis darüber, wie die Arbeitsleistungen der Einzelnen ineinandergreifen und zum Gesamtergebnis beitragen. Das Team rückte näher zusammen. Und wenig später zeigte sich, dass das so auf ein neues Fundament der Transparenz gelegte Daily Meeting nun als hilfreiches und effizientes Arbeitsmittel in der agilen Arbeit praktiziert und erlebt wird.

6.3 Was ist denn hier los – das agile Team lässt seine Kunden abblitzen

Die problematische Konstellation 3:

Praxis

Nach Einführung der agilen Teamarbeit in den Teams der Produktentwicklung hagelte es plötzlich Beschwerden aus dem eigenen Haus, und zwar aus Produktmanagement und Vertrieb, also den Bereichen, die interne Kunden des Entwicklungsteams sind. Sie hatten sich über viele Jahre hinweg daran gewöhnt, dass zwar die vereinbarten Termine häufig überzogen wurden, aber deshalb wurde ja auch immer ausreichend Puffer eingeplant. Wenn es dann wirklich dringend wurde, half bisher noch immer ein persönliches oder telefonisches Vorsprechen beim verantwortlichen Entwickler – und siehe da, da man sich schließlich gut kennt und letztlich eine Hand die andere wäscht, ließ der Entwickler dann alles andere stehen und liegen und machte das dringend Benötigte eben mal fertig. Aber was war nun los: Plötzlich sprachen die Entwickler in solchen Fällen von irgendwelchen Sprint-Planungen und ihren verbindlichen Commitments im Team. Sie teilten den verzweifelten Anrufern neuerdings mit, dass ihr dringendes Anliegen gerne in das Backlog aufgenommen und dann im nächsten Sprint bearbeitet würde – der allerdings erst in der übernächsten Woche beginne.

Was ist los?

Des Rätsels ganzer Schluss lautet: Die Teams arbeiten agil! Und das heißt ein verbindliches Commitment zu den Zielen des Teams und des jeweiligen Sprints einzugehen. Solche quer hereinflatternden Eilaufträge, die bislang irgendwie noch eingeschoben werden konnten, sind nun keine rein persönliche Angelegenheit mehr. Die Kosten für eine Abweichung vom Plan steigen erheblich bei der Einführung agiler Teamarbeit. Denn sie betreffen nicht nur meinen persönlichen Arbeitsablauf, sondern das gesamte Team. Denn dieses baut darauf, dass ich meine Arbeitsaufträge, zu denen wir uns committet haben und die von den anderen für ihre Weiterarbeit benötigt werden, pünktlich abliefere.

Der Lösungsansatz:

Tipp

Die Situation zeigt, dass das Team für sich selbst zwar die agilen Prinzipien lebte und dies zu einer wirklich spürbaren Verbesserung ihrer Arbeitsweise führte, dabei aber die Auswirkungen auf organisationsinterne Abläufe nicht ausreichend bedacht wurden. So war denn auch der erste Schritt zur Lösung, die Sprintlogik mit strenger Priorisierung im Hause sorgfältig zu kommunizieren. Im Gegensatz zu anderen in der Vergangenheit schon stattgefundenen Veränderungsprojekten war durch die geschilderten Erfahrungen für alle Beteiligten klar, dass es sich hierbei nicht um eine Eintagsfliege handelte, sondern sich wirklich etwas verändert hatte. Diese Erkenntnis trug wesentlich dazu bei, dass die internen Kunden sich davon überzeugen ließen, dazu überzugehen realistische Terminplanungen ohne Puffer einzuführen – was diesen anfänglich durchaus erhebliche Bauchschmerzen bescherte. Doch bald konnten sie feststellen, dass vereinbarte Termine mit den agilen Teams nun, im Unterschied zu vorher, tatsächlich und ohne Drängeln oder Nachfragen verbindlich eingehalten wurden – eben weil die agilen Teams in ihren Sprints an den priorisierten Aufgaben arbeiteten und sich nicht durch drängelnde Mach-mal-eben-Anfragen ablenken ließen.

Wenig später zeigte sich, dass es nicht ausreicht, die neuen agilen Spielregeln innerhalb des Hauses und auch bis zur obersten Leitung hin zu kommunizieren. Denn die beste Vereinbarung über eine verbindliche Sprintplanung des agilen Teams stößt spätestens dann an ihre Grenzen, wenn etwa der technische Geschäftsführer ein Mitglied aus dem agilen Team kurzfristig mit einer dringlichen, strategisch bedeutsamen, auch ehrenvollen Sonderaufgabe betraut. Mit anderen Worten: Mitunter treten Situationen auf, in denen auch die Information über agile Regeln und das Pochen auf ihre Einhaltung nicht wirklich weiter hilft. In solchen Fällen kann daher die eigentlich ausgeschlossene Anpassung einer laufenden Sprint-Planung also durchaus erforderlich werden: keine Regel ohne Ausnahme eben.

6.4 Wenn nichts dazwischen kommt, erreichen wir das Sprintziel

Die problematische Konstellation 4:

Praxis

Montag um elf Uhr mitten in Deutschland. Wir befinden uns bei einem Sprint-Planning Meeting, zu dem sich ein agiles Team in der Entwicklungsabteilung eines Messgeräte-Herstellers zusammengefunden hat. Es wird eifrig diskutiert und gesprochen, es herrscht eine betriebsame Atmosphäre. Getreu dem agilen Vorgehen hat das Team zunächst damit begonnen, die vorhandene Kapazität in dem Sprint zu beziffern. Nun geht es darum die vorhandene Kapazität den anstehenden Aufgaben aus dem Backlog zuzuordnen. Die einzelnen Teammitglieder benennen welche Aufgaben sie in den kommenden beiden Wochen bearbeiten werden. Als die Entwicklungsingenieurin Liane an der Reihe ist, fällt ein bemerkenswerter Satz »Also, wenn mal alles gut geht und mir nichts dazwischen kommt, dann müssten wir das Ziel eigentlich halten können.« Was vielleicht noch bemerkenswerter an der Situation war, ist, dass er auf keine Reaktion bei den anderen anwesenden Teammitgliedern gestoßen ist. Das von Liane vorgeschlagene Ziel wurde wohlwollend abgenickt.

Man muss kein Prophet sein, um den weiteren Verlauf des Sprints vorhersehen zu können. Springen wir ans Ende des Sprints, an die Stelle an der es darum geht Resümee zu ziehen über die erreichten Ergebnisse. Wir befinden uns also im Sprint Review. Und, oh Wunder, muss Liane eingestehen, dass sie ihren Beitrag zur Erreichung des Teamziels nicht leisten konnte, aber auch wirklich nur deshalb, weil dann tatsächlich die Vorbereitung für die Messe doch mehr Zeit beansprucht hatte und auch nur deshalb weil ein geliefertes Teil nicht funktioniert hatte und sie sich um Ersatz kümmern musste und et cetera. Liane hat ihren Teil der vereinbarten Aufgaben nicht geschafft und auch zwei weitere Teammitglieder sind deshalb in ihrer Arbeit ins Stocken geraten. Das Meeting scheint nun in eine wenig hilfreiche Richtung abzugleiten, Liane gegenüber werden Vorwürfe geäußert, die sie auch kleinlaut akzeptiert.

Nun aber schaltet sich der agile Coach ein: »Es geht hier nicht darum Schuldige zu finden. Das Team hat sein Ziel nicht erreicht. Und das ist nicht nur Verantwortung von Liane, nein, sondern des ganzen Teams. Denn wenn wir ehrlich sind, hätten wir es wissen können, dass ihr Ziel kaum haltbar ist. Aber wir haben ihr die Verantwortung alleine überlassen und unsere Bedenken, so ging es zumindest mir, nicht ausgesprochen. Ich würde vorschlagen, wir besprechen das Ganze noch einmal in Ruhe an der dafür vorgesehenen Stelle, nämlich bei der Sprint Retrospektive, um herauszufinden, was wir als Team beim nächsten Mal besser machen können.«

Was ist los?

Bei der Planung der Sprintziele fühlen sich viele agile Teams dem Plan in ihrem Kopf – was denn alles fertig werden muss, weil es eilig und dringlich ist – stärker verpflichtet als dem realistischen Abgleich mit den eigenen Möglichkeiten und gegebenen Rahmenbedingungen. So hatte sich Liane auch dazu verpflichtet gefühlt, ein in Anbetracht der anstehenden Messe eigentlich unrealistisches Ziel zu formulieren. Und den anderen im Team war das eigentlich ganz recht, weil nur durch Lianes Beitrag das doch so drängende Sprintziel hätte erreicht werden können – hätte wohlgemerkt.

So war es irgendwie auch angenehmer, die auftauchenden Zweifel an Lianes Commitment gleich wieder wegzuschieben, weil sonst ja die schöne Fiktion vom heroisch erreichten Ziel sofort geplatzt wäre. Leider funktionieren wir Menschen so – und genau das wird neu gestarteten Teams bei der Formulierung von Zielen regelmäßig zum Verhängnis.

Hinzu kommt noch, dass sich auch niemand im Team gerne von einer Führungskraft sagen lassen will, man hätte sich doch zu wenig vorgenommen. Und genau diese Befürchtung strahlen viele Führungskräfte ja auch tatsächlich aus. Dahinter steckt oftmals eine komplexe Thematik, die mit dem neu definierten Führungsverständnis durch agiles Arbeiten im Team verbunden ist. Schließlich waren es ja mitunter eben jene Führungskräfte, die ihre Leute über Jahre hinweg zu Höchstleistungen angespornt, ja bisweilen getrieben haben. Wenn die agilen Teams das jetzt alles selbst machen würden und könnten, wozu haben sie sich dann all die Jahre als Führung abgerackert? Die Selbstverantwortung der Teams kann das Selbstverständnis einer gestandenen Führungskraft gehörig ins Wanken bringen. Die geschilderte problematische Konstellation führt also dazu, dass sich ein wesentlicher Effekt von agilem Arbeiten gar nicht erst einstellt. Es fehlt an der Zuverlässigkeit, die notwendig wäre um die Ziele für eine Timebox auch tatsächlich zu erreichen. Und das ist verheerend, weil die Kunden nicht darauf vertrauen können, dass ihre Aufträge zuverlässig und termingerecht geliefert werden. Und dies ist auch für das Team selbst problematisch, weil die Motivation und der Spaß an der Arbeit durch erreichte Ziele nicht aufkommen kann.

Der Lösungsansatz:

Tipp

Zum einen ist die geschilderte Konstellation ein Führungsthema: ein Schlüssel im Führungshandeln besteht darin, dem agilen Team zu Beginn einen Vertrauensvorschuss zu geben. Das stellt für jede verantwortliche Führungskraft nicht nur eine riskante Vorleistung dar (vergleiche dazu etwa Luhmann 2014), sondern erfordert möglicherweise auch eine Abkehr von vertrauten Denk- und Verhaltensmustern. Deshalb ist es entscheidend, dass Führungskräfte vor der Einführung von agiler Teamarbeit Gelegenheit haben, zu verstehen, was diese neue Arbeitsform auch für sie bedeutet – um darauf aufbauend ein stimmiges Rollenkonzept abzuleiten. Dies ist wahrlich nicht einfach und erweist sich im Einführungsprozess vielfach als kritische Schlüsselstelle.

Daneben zählt zu den gesicherten Erfahrungswerten, dass die realistische Einschätzung seiner tatsächlich verfügbaren Kapazitäten zu einer der großen Lernaufgaben jedes agilen Teams gehört. Im Normalfall brauchen Teams einige Zeit, um hier zu soliden Einschätzungen zu gelangen. Hierfür braucht es Training und Reflexion – und auch hier ist noch kein Meister vom Himmel gefallen. In der Praxis hat es sich als hilfreich erwiesen, die Sprintdauer für ein neues agiles Team zunächst relativ kurz zu halten (circa zehn Werktage) und großen Wert auf die Erstellung von genauen Kapazitätsübersichten zu legen; also jede Dienstreise, jeden Tag Urlaub und jeden Feiertag wirklich in der verfügbaren Kapazität zu berücksichtigen. Daneben sind auch Offenheit und Vertrauen darauf gefragt, dass es okay ist, unrealistische Schätzungen deutlich anzusprechen beziehungsweise dass es ebenso okay ist, wenn ich mich angesichts der verfügbaren Kapazitäten nicht auf drängende, aber unrealistische Ziele committe. Schlussendlich ist es im Interesse aller Teammitglieder, verlässliche und damit realistische Planungen vorzunehmen.

Zu guter Letzt sollte jeder im Team auf Sätze wie »Wenn alles gut geht, dann schaffe ich ...« hellhörig reagieren und solche Aussagen hinterfragen. Denn nur in den seltensten Fällen läuft wirklich alles glatt, die Regel ist vielmehr, dass mit einem gewissen Puffer für Ungeplantes gerechnet werden sollte. Und die vergebliche Hoffnung, doch noch zusätzliche Reserven mobilisieren zu können, in dem etwa noch auf der Dienstreise im Zug Einiges geschafft werden kann, erscheint zwar löblich, ist aber meist eher unrealistisch. Es ist zu empfehlen, gerade in der Anfangsphase bei den Sprintzielen zunächst eher etwas tiefer zu stapeln. Sollte dann wider Erwarten doch noch Kapazität frei sein, darf man sich freuen und kann durchaus schon Aufgaben aus dem Backlog vorziehen.

6.5 Wenn alles bleibt wie es ist, weil es doch gut läuft

Die problematische Konstellation 5:

Praxis

Ein großer Chemiekonzern hatte beschlossen an einem Standort die Arbeit mit agilen Teams zu erproben. Das Projekt wurde geplant, die Führungskräfte wie auch die Mitarbeitenden umfassend einbezogen, Rollenkonzepte erarbeitet und dann zunächst in einem Pilotbereich gestartet. Dort lief die agile Teamarbeit auch ohne größere Probleme an. In Zwischenauswertungen wurde einhellig die Zufriedenheit mit dem Projektfortschritt und der neuen Arbeitsweise geäußert und auch die Ergebnisse der Abteilung wirkten solide, wenn auch keine deutlichen Verbesserungen erkennbar waren. Das werde dann schon noch kommen, wenn sich erst einmal alles richtig eingespielt hätte.

Am Ende der dreimonatigen Pilotphase wurde ein intensives Review durchgeführt, in dem sich im Wesentlichen die schon oben beschriebene Grundstimmung zeigte. Bei der genauen Nachfrage, was denn nun als anders erlebt werde beim agilen Arbeiten, hörten wir dann allerdings Aussagen wie »Na ja, die agile Arbeit ist ja eine feine Sache, aber eigentlich ist alles wie immer!« Es stellte sich heraus, dass kaum ein Unterschied auf der Arbeitsebene spürbar war, alles war beim alten – nur eben unter neuem Namen.

Und das führte dazu, dass die Mitarbeiter weiterhin gute Einzelarbeit ablieferten, ordentlich miteinander kooperierten und bisweilen begannen, gemeinsame Lösungen für Probleme zu suchen (und auch zu finden). Aber die erhoffte Teamarbeit, die ihre Performance als Team an dieser Stelle auf ein neues Niveau hätte heben können, stellte sich nicht ein. Es gab weiterhin gutes Denken von jedem, aber kein gemeinsames Denken. Es gab gute individuelle Planung, aber keine bereichsübergreifende Planung. Und es gab schnelle Problemlösung, aber wenig interdisziplinäre Problemprophylaxe.

Was ist los?

Der ausgewählte Pilotbereich galt als Vorzeigebereich im Unternehmen, der auch bislang schon auf eine gut eingespielte Teamarbeit setzte, überwiegend gute Ergebnisse lieferte und mehr oder weniger reibungsfrei arbeitete. Getreu dem Motto »never change a winning team« haben sich die Teams in der Abteilung von den neuen agilen Strukturen und Abläufen nicht irritieren lassen, sondern erst mal dasselbe wie immer gemacht – und dies auch nicht absichtsvoll.

Genaues Hinschauen zeigte, dass vieles von dem, was durch agiles Arbeiten die bestehenden Teamarbeit auf eine andere Stufe heben würde, nicht realisiert wurde: Die Daily Meetings variierten stark in der Länge, weil gleich im Meeting versucht wurde, fachliche Probleme zu klären. In der Sprint Planung wurden die Kapazitäten eher Pi mal Daumen abgeschätzt und am Schluss hat dann einfach jeder wie früher für sich alleine vor sich hin gewerkelt. Und auch in den Auswertungsrunden (Retrospektive und Review) wurde selten konstruktiv-kritisch beleuchtet, was besser zu machen gewesen wäre. Zwar wurde hier immer wieder bemängelt wie schwer doch alles sei, aber zu eruieren, was dem zugrunde lag, wurde vermieden. Hätte dies doch bedeutet, ans Eingemachte zu gehen und die Grundfesten eines eigentlich erfolgreichen Teams zu erschüttern – so etwa den Übergang von der Verantwortung des Einzelnen zur gemeinsamen Übernahme von Verantwortung für die Arbeitsergebnisse im Team. Da die Teams einfach über viele Jahre als Summe der Einzelspieler schon gut funktioniert hatten, fiel es nicht sofort auf, dass sie eigentlich gar nicht agil arbeiteten, schließlich waren die Ergebnisse in Ordnung wie eh und je.

Der Lösungsansatz:

Tipp

War das Problem erst einmal klar, konnte interveniert werden. Die Teams waren so sehr in ihren bisherigen Routinen und Grundüberzeugungen gefangen, dass ihnen gar nicht auffiel, wie sie am Kern des agilen Vorgehens vorbei arbeiteten. Eine alte Weisheit aus dem Change Management besagt, dass Menschen erst mal bestrebt sind einen einigermaßen stabilen Zustand beizubehalten und (oft auch unbewusst) einiges tun, damit alles beim Alten bleiben kann. Fehlt dann auch noch jeder Leidensdruck (Eigentlich läuft es ja ganz gut), so wird es schwer, das System in Bewegung zu bringen.

Trotzdem stand außer Frage, dass die Teams sehr von einer agilen Arbeitsweise profitieren könnten und im Beratungsteam waren wir überzeugt, der Erfolg werde sich bald einstellen, sobald sie erst einmal die Vorzüge des agilen Vorgehens selbst erleben und spüren könnten.

Also waren zwei Dinge notwendig:

1. Den Leidensdruck deutlich machen:
Der lag nämlich bei der Führung, die aus der Summe der Ergebnisse von Individuen immer wieder Gesamtergebnisse herstellen musste und vorher die Aufgaben erst mal in fachliche Zuständigkeiten zerlegen musste, damit die Bearbeitung klappte.

Hierzu musste die Führung deutlich Position beziehen und auch von den gewohnt guten Beurteilungen abweichen. So wurde deutlich, warum dieses Mehr an Kompetenz und Lösungsorientierung im Team erforderlich war. Und zwar nicht nur in zwei oder drei Motivationsreden, sondern in der täglichen Rückmeldung bei der Arbeit. Eine Herausforderung für die Führungskräfte bestand an dieser Stelle übrigens darin, die Lücken, die die Teams ließen, nicht mehr wie zuvor üblich durch ihr Führungshandeln zu schließen. Dabei hatte das doch durchaus Spaß gemacht und es war vor allem schneller gegangen als nun, wo es galt die Teams zu konfrontieren und die Veränderung geduldig einzufordern.

2. Die agile Arbeitsweise als Unterschied erlebbar machen:
Um an diesen Punkt zu gelangen, nahmen wir die Teams an die kurze Leine, was bedeutete, dass wir an einigen Meetings der Teams als Beobachter teilnahmen. Und dies nicht mit der Intention Verstöße gegen die agilen

Standards anzuzeigen oder ein agil-konformes Verhalten einzufordern. Nein, das hätte nur Widerstand hervorgerufen. Was wir stattdessen taten, war einfach den Blick von außen einzubringen, immer wieder aufzuzeigen, welche Fragen sich nun aus dem agilen Vorgehen ergeben hätten und dadurch den Weg für eine neue und fruchtbare Sichtweise zu ebnen.

Erfahrungsgemäß ist die Durchführung von agilen Meetings also durchaus voraussetzungsvoll und so kann es immer wieder notwendig sein, auf eine fachgerechte Durchführung der Meetings zu achten, Abweichungen konsequent zu spiegeln und damit auch die Einhaltung von vereinbarten Standards einzufordern. Diese Aufgaben können je nach betrieblicher Regelung Führungsaufgabe sein oder auch im Verantwortungsbereich des agilen Coachs liegen. Klar ist, dass agile Teams anfangs in der Regel Unterstützung benötigen und externe Begleitung und Feedback so lange notwendig sind, bis sich die positiven Effekte für alle Beteiligten einstellen und die Meetings so quasi zum Selbstläufer werden.

6.6 Fachliche Dispute und verschiedene Vorgehensweisen

Die problematische Konstellation 6:

Praxis

Im agilen Team einer Entwicklungsabteilung eines großen Anlagenbauers kam es immer wieder zu heftigen Auseinandersetzungen fachlicher Art. In einer Retrospektive, an der wir als Berater teilgenommen hatten, entzündete sich folgender Disput: Ein Ziel des agilen Teams bestand darin, einen Prototypen für eine Anlage zu entwickeln. Das interdisziplinär besetzte Team war uneins in der Frage, wie dies am besten zu bewerkstelligen sei. Verkürzt dargestellt ließen sich zwei Positionen ausmachen: auf der einen Seite gab es den Lösungsansatz sich der Realität über die Erstellung von 3D-Simulationen immer weiter anzunähern, um ein schlüssiges Modell und den Rechengang für einen Prototypen entwickeln zu können. Auf der anderen Seite vertraten einige Teammitglieder die Ansicht, man könne sich die ganze Rechnerei sparen, es sei wesentlich zeitsparender einfach verschiedene Testläufe mit dem Prototypen zu probieren, auch auf die Gefahr hin dabei etwas Material zu verheizen. Dieser Konflikt führte tatsächlich zu einer Lähmung des Teams. Es trat buchstäblich auf der Stelle, vergleichbar mit einer Kutsche die von zwei Pferdegespannen in entgegengesetzter Richtung gezogen wird und so schlussendlich in derselben Position verharrt.

Was ist los?
Ein Blick hinter die Kulissen zeigte: es ging um unterschiedliche fachliche Strategien, die sich zu einem guten Teil aus den professionellen Hintergründen der Beteiligten speisten. Auf der einen Seite gab es die Informatiker im Team, die sich qua professionem eher der Simulation zugeneigt sahen, auf der anderen Seite die vergleichsweise pragmatisch orientierten Ingenieure, die voller Tatendrang loslegen wollten. Im Grunde genommen bestand dieser Konflikt schon lange, aber er konnte bislang immer wieder fallen gelassen werden, auch deshalb weil in der bisherigen Arbeitsweise am Ende jeder das Seine gemacht hatte. Durch die neue agile Form des Arbeitens konnte diesem schwelenden Konflikt nun nicht mehr aus dem Wege gegangen werden, denn er wurde in den Daily Meetings und den Sprint Reviews immer wieder erneut angestoßen und zum Thema gemacht.

Der Lösungsansatz:
Helfen konnte dem Team nur eine Richtungsentscheidung über den einzuschlagenden Lösungsweg – und die kam in diesem Falle von der Führung. Für die vielen kleineren Dispute, die sich immer wieder in den Daily Meetings auftaten, wurden Vereinbarungen darüber getroffen, an welchen Stellen der Einzelne Entscheidungsspielraum besitzt und wo die vorher im Gruppenkonsens festgeschriebenen Standards gelten. Die Aushandlung dieser Standards war ein Drahtseilakt, da diese auf der einen Seite so verbindend sein mussten, um die drohenden und stets nervenaufreibenden Scharmützel über den besseren Lösungsweg zu entschärfen. Zugleich durften die Standards auch nicht zu eng gefasst sein, weil sonst kreative Ideen im Keim erstickt worden wären.

Hier zeigt sich exemplarisch eine wichtige Aufgabe des agilen Coaches: Fachliche Diskussionen dürfen im agilen Team durch den Druck der Zielvereinbarung im Sprint und den Druck der Gruppe nicht dazu führen, dass immer der Weg des geringsten Risikos gewählt wird. Es muss auch auf einen kreativen Geist geachtet werden, der auch die Entscheidung für das gemeinsam im Team getragene Risiko ermöglicht. Hier liegt eine der zentralen Aufgaben der Teamentwicklung und Teambegleitung.

6.7 Wer schreibt, der bleibt

Die problematische Konstellation 7:

Praxis

Das agile Team hat sich für einen einfachen und komfortablen Weg der Aufgabenverwaltung entschieden: wir erfassen alles in einer Excel-Liste. Ein Teammitglied sollte jeweils seinen Laptop in die Meetings mitbringen, sollte dann die Aufgaben mitschreiben. Damit alle die vollkommene Transparenz haben, wurde der Bildschirm des Schriftführers mit einem Beamer an die Wand projiziert. Trotz der auf diese Weise vermeintlich umfassend hergestellten Transparenz war es überraschend, dass eigentlich keiner im Team über die geleisteten und anstehenden Aufgaben nur ansatzweise einen Überblick besaß – mit Ausnahme des Schriftführers. Dies machte sich gerade in den Meetings bemerkbar, als immer wieder aufs Neue die im Grunde genommen schon längst beantworteten Fragen gestellt wurden.

Was ist los?

Es wurde schnell klar, dass die vom Team entwickelte Dokumentationsvariante nicht allzu praktikabel war. Zum einen zeigte sich bei zunehmendem Anwachsen der Excel-Liste schnell, dass die Zeilen so zahlreich und so klein waren, dass keiner der Beteiligten mehr den Überblick behalten konnte – wie gesagt eben mit Ausnahme des Schreibers. Dessen Übersicht über die Aufgaben des Teams hatte aber nicht nur damit zu tun, dass für ihn auf seinem Bildschirm die Zeilen einfach besser lesbar waren, sondern auch damit, dass ihm durch seine aktive Rolle in den Meetings klammheimlich und von allen gänzlich unbemerkt auch die Verantwortung für die saubere Dokumentation und Beschreibung der Aufgaben zukam. Er moderierte das Gespräch und fragte solange nach, bis für ihn klar war, was er aufschreiben musste. So waren die Aufgaben für ihn klar formuliert, ob jedoch jeder im Team sie verstanden hatte, wurde nicht geprüft.

Daneben ging durch diese Dokumentationsvariante ein ganz wesentlicher und motivierender Teil der agilen Arbeit verloren. Nämlich das Erfolgsgefühl, das durch das sinnliche Erlebnis entsteht, eine Karte auf dem Board des Teams auf die »Erledigt«-Spalte hinüber zu schieben. Allerdings wurde es im geschilderten Fallbeispiel auch nicht durch die Rückkehr zu diesem bewährten Dokumentationsmittel besser. Jedes Teammitglied stand nun vor einem Board mit sehr vielen Karten und redete zur Tafel statt mit den Kollegen im Team.

Der Lösungsansatz:
Die Lösung ist eigentlich simpel und besteht tatsächlich in der Teilung des Backlogs. So finden nur die aktuell relevanten Aufgaben Eingang in das Arbeitsdokument. Auf die Visualisierung der Aufgaben per Hand sollte aus unserer Sicht nicht verzichtet werden. Als Faustregel lässt sich festhalten, dass alles woran aktuell gearbeitet wird, auf ein Board gehört und dementsprechend auch per Hand bewegt wird. Alles was nicht aktuell bearbeitet wird, sollte mit einer geeigneten Software verwaltet werden. Hier gibt es unterschiedliche Anbieter und Lösungen. Welche Software für ihr Team geeignet ist, hängt von den Vorlieben des Teams und den technischen Rahmenbedingungen im Unternehmen ab. Probieren sie verschiedene Software-Lösungen am besten einfach aus und treffen dann eine nachvollziehbare, praktikable Entscheidung.

Tipp

7.
Change-Prozesse anders denken

7.1 Partizipatives Change Management für die Einführung agiler Teamarbeit

Nicht jedes Unternehmen wird agil geboren. Im Gegenteil: Die meisten unserer Kunden setzen und setzten in der Vergangenheit auf tayloristisch arbeitsteilige Arbeitsprozesse, was sich auf den ersten Blick mit den Prinzipien agilen Arbeitens schlecht verträgt. Unserer Erfahrung nach gibt es praktisch keine Unternehmen, die bereits zum Zeitpunkt ihrer Gründung agil konzipiert wurden. Die absolute Mehrheit aller heute agil arbeitenden Unternehmen hat schrittweise dieses Denken für sich als hilfreich erkannt, sich darauf eingelassen und allmählich umgesetzt.

These

Agil wird man nicht geboren, agil wird man aus eigenem Entschluss heraus!

Doch mit dieser markigen Aussage befinden wir uns bereits in einem zentralen Widerspruch des Change Managements. Die Einführung von agilen Arbeitsformen zielt auf das Engagement und die Ideen der Mitarbeiter ab. Dies lässt sich natürlich nicht von oben verordnen! Aber ohne Unterstützung von oben geht es zugleich auch nicht. Insofern ist das Management des Veränderungsprozesses auch neu zu denken. Die bisherige Praxis à la Wasserfall-Veränderungsmodell, in dem fixe Meilensteine und Termine aufgestellt werden, die auf Biegen und Brechen eingehalten werden müssen, funktioniert nicht mehr. Der Veränderungsprozess muss nach inhaltlichen Gesichtspunkten aus der heutigen Situation (und nicht zum Zeitpunkt der Planung) kontinuierlich bewertet werden. Die auf dem Weg dringend auftretenden Fragen müssen bearbeitet werden, wenn sie auftreten und können aller Erfahrung nach nicht durch ausufernde Konzeptphasen im Vorfeld vermieden oder im Nachgang durch hochkarätig besetzte Steering Committees oder politischen Ausgleichsrunden zwischen den Führungskräften doch noch gelöst werden.

Aber wie kann Partizipatives Change Management für agile Teamarbeit in der Praxis aussehen?

Change

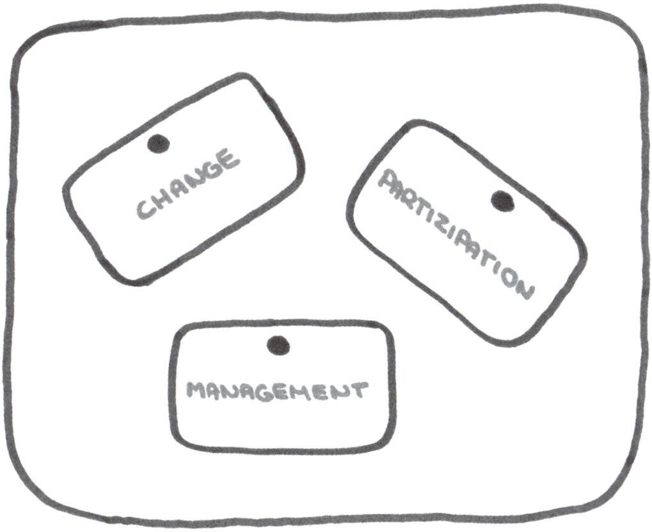

Beteiligung des Führungskreises

Partizipation beginnt damit, den Führungskreis einzubeziehen. Diese sind Wegbereiter agilen Denkens und Promotoren im Veränderungsprozess. Daher ist es essenziell, dass zunächst alle Führungskräfte das Ziel der Einführung von agilen Arbeitsformen verstanden haben, die Idee unterstützen und sich dazu committen (wie es dann eben auch vom agilen Team verlangt wird). Dies gilt gleichermaßen für die Unternehmensspitze wie für diejenigen Führungskräfte, die möglicherweise betroffene beziehungsweise beeinflusste Bereiche verantworten (auch als »Leadership Alignment« bezeichnet). Nur wenn sich die Führung auf eine gemeinsame Linie verständigt hat, können querliegende oder gar konträre Führungsimpulse im Projektverlauf vermieden werden. Dazu gehört wesentlich eine gemeinsame Zielklärung (nicht unbedingt Erarbeitung der Ziele) im Management. Und es müssen die Grenzen des agilen Arbeitens im Unternehmen gezogen werden. Zum einen um Sicherheit für die Organisation zu schaffen und zum anderen um die Mitarbeiter vor Blütenträumen zu bewahren.

Leitplanken für den weiteren Prozess

Häufig wird Partizipation verstanden als »die Mitarbeiter mitnehmen« – wie Fahrgäste in einem Bus mitgenommen werden. Fahrgäste können aber weder das Fahrziel des Busses noch seine Geschwindigkeit, die Haltestellen et cetera bestimmen.

Für partizipatives Change-Management ist es hingegen wichtig, dass die Mitarbeiter auch Gestaltungsmöglichkeiten haben. Zum einen können so die Konzepte passgenauer auf die spezifische Arbeitsumgebung ausgerichtet werden, zum anderen wird in der Regel nur durch Mitgestaltung eine echte Identifikation der Mitarbeiter mit dem Veränderungsprozess erreicht. Der Umfang der Gestaltungsmöglichkeiten des agilen Teams muss vorab geklärt sein, um einerseits (durch die deutliche Öffnung von Spielräumen) den Gestaltungswillen der Mitarbeiter anzuregen und gleichzeitig Frustrationen zu vermeiden, wenn Gestaltungswünsche nicht erfüllt werden können.

Hierfür braucht es ein Rahmenkonzept, in dem festgelegt ist, was genau vom agilen Team erwartet wird, was sie dürfen und was sie dafür bekommen. Der Rahmen muss konkret genug sein, um Orientierung zu stiften und darf andererseits nicht zu eng sein, um vor Ort noch ausreichend Anpassungsspielräume zu gewähren.

» Die Botschaft, die das Unternehmen aussendet, muss klar sein: Wir meinen es ernst, wir haben einen Plan und ihr dürft und sollt ihn für euch optimal umsetzen!

Agiles Arbeiten in die operative Führung hineintragen

Mit den Führungskräften vor Ort, zum Beispiel Team- oder Gruppenleitern, ist das agile Konzept um eine Bestandsaufnahme zu ergänzen, gegebenenfalls auch erst im Detail auszuarbeiten, und Optionen der Umsetzung sind zu klären. Falls die operative Führung über die Realisierbarkeit des Konzepts unsicher ist, kann sogar hier erst die Entscheidung fallen, ob ein

Konzept überhaupt umgesetzt werden soll. Auf jeden Fall ist vor Beginn dieser Phase zu entscheiden, ob der operativen Ebene die Möglichkeit eingeräumt werden soll, »nein« zu sagen. Hier kann keine pauschale Antwort gegeben werden, es gilt im Einzelfall zu entscheiden.

Dann erst kann die Arbeit mit der Arbeitsebene beginnen, das heißt, neue Vorgehensweisen können geklärt und schrittweise umgesetzt werden. Es ist zweckmäßig, das Konzept nicht schlagartig im gesamten Unternehmen einzuführen, da dies zunächst eine sehr große Kraftanstrengung bedeuten würde und wichtige Erkenntnisse, die erst bei der laufenden Einführung gesammelt werden, nicht berücksichtigt werden könnten. Eine Pilotphase in einem Teilbereich ist hingegen ein guter Praxistest. Ist diese ausgewertet, kann das Roll-Out in allen Bereichen gestartet werden. Dabei ist darauf zu achten, die Beobachtung und Begleitung des Prozesses nicht zu früh abzubrechen, sondern eine Stabilisierungsphase vorzusehen, in der neue Verfahrensweisen eingeübt werden und gegebenenfalls im Einzelnen das Konzept noch einmal verfeinert werden kann.

7.2 Zehn Prozessweisheiten bei der Einführung

Der Erfolg in der Umsetzung liegt vor allem darin, das Prinzip der Selbstorganisation bereits in den Einführungsprozess zu tragen. Hierzu braucht es klare Regeln und ein transparentes Vorgehen. Es geht darum, gemeinsam einen Weg zu gehen, jedoch nicht mit beliebigem Ziel und auch nicht unvorbereitet. Bildlich gesprochen muss sich jemand Gedanken um das Schuhwerk, die Kleidung und die Sicherheit machen, ohne die Route und das Ziel für die anderen schon festgelegt zu haben. Nur dann wird das Ergebnis zur Unternehmenskultur passen und von den Beteiligten mitgetragen werden. Dafür muss der Einführungsprozess sorgfältig geplant und umgesetzt werden.

Jedes Unternehmen kann und muss ihr agiles Teamkonzept entwickeln

Der Einführungsprozess von agiler Teamarbeit muss spezifisch sein, dabei ist der erste Schritt das Herstellen von Rollenklarheit: Welche Hierarchieebenen und konkret welche Personen haben welche Aufgaben, Verantwortung und (Entscheidungs-) Kompetenz? Des Weiteren ist zu klären, was die Schnittstellen zu anderen Rollen im Management und gegebenenfalls auch in der Projektwelt sind.

Um einen möglichst barrierefreien Übergang zu gestalten, ist es wichtig, dass die Mitarbeiter Einfluss darauf nehmen können, wie genau die Umsetzung aussehen soll. Deshalb ist ein Customizing des Einführungsprozesses erforderlich: Welche Unternehmensteile werden einbezogen? Wie schnell erfolgt die Einführung? Welche Kommunikationswege werden genutzt?

Mitunter wird es hier zwischen Unternehmen größere Unterschiede geben als in der Form, in der agile Teamarbeit hinterher durchgeführt wird, denn hier haben Unternehmenskultur, Erfahrung mit Veränderungsprozessen, Sicht auf Externe (Berater), Aufgaben und Befugnisse von Stabsstellen et cetera einen großen Einfluss.

Sicherheit durch Verfahren: ein partizipatives Vorgehen mit transparenten Regeln

Bei der erstmaligen Einführung einer agilen Arbeitsweise im Team betreten alle Akteure im Unternehmen Neuland und wissen nicht, was auf sie zukommt. Das gilt für Entscheider ebenso wie für die ihnen unterstellten Führungskräfte und nicht zuletzt für die Mitarbeitenden in den agilen Teams. Sicherheit kann hier vor allem ein stabiles Verfahren stiften, das jederzeit transparent ist und bei dem für alle Beteiligten deutlich wird, wann und von wem welche offenen Fragen geklärt beziehungsweise entschieden werden. Deshalb kommt es darauf an, bei der Anpassung des unternehmensspezifischen Konzepts und der Vorbereitung einer Erprobungsphase von Anfang an dafür zu sorgen, dass alle Beteiligten wissen,

- was als Leitplanken zur klaren Orientierung vorgegeben ist,
- in welchem Umfang und auf welche Weise sie ihre Vorstellungen und Erfahrungen als Mitarbeiter oder Teamleiter einbringen können und
- nach welchen Regeln der Vorbereitungs- und Einführungsprozess abläuft.

Sich für den Weg einer frühzeitigen und umfassenden Beteiligung zu entscheiden, erfordert von der Führungsebene ein erhebliches Maß an Vertrauen in die eigenen Mitarbeiter – und es zahlt sich aus in Form von spürbarer Entschlossenheit und geteilter Motivation, das ungewisse Neuland gemeinsam zu erkunden.

Rollenklarheit und -schärfung

Wie zahlreiche Fälle aus der Unternehmenspraxis zeigen, kann erst im Laufe der praktischen Arbeit mit den neuartigen Rollen schrittweise Klarheit darüber gewonnen werden, zum Beispiel was im Einzelnen zu den Rechten und Pflichten eines Scrum Masters gehört oder wo ein Product Owner klare Prioritäten setzen muss und wo er sich besser im Hintergrund hält. Als Prozess verstanden, bedarf die Klärung und Schärfung dieser neuen und veränderten Rollen im agilen Arbeitsprozess einer besonderen und anhaltenden Aufmerksamkeit: Hier ergeben sich regelmäßig Rollenkonflikte und enttäuschte Erwartungen. Diese bedürfen einer unverzüglichen Bearbeitung im Rahmen der Prozessbegleitung durch Führungskräfte oder Berater, um die gemeinsame Linie im Einführungsprozess zu verdeutlichen. Gerade in der Fähigkeit und Bereitschaft, den erreichten Stand der Umsetzung immer wieder kritisch zu reflektieren, liegt der Schlüssel zur kontinuierlichen Verbesserung und Weiterentwicklung einer Organisation, die den Namen agil auch auf lange Sicht verdient.

Besonders in Teams mit kreativen Köpfen können Standards im laufenden Einführungsprozess entwickelt werden.

Jeder Einführungsprozess ist gleichzeitig ein Entwicklungsprozess. Wenn die Beteiligten eine ausreichend hohe Toleranz gegenüber Unsicherheiten haben sowie viele Freiheitsgrade und hohe Komplexität gewohnt sind, ist es in der Regel erfolgreicher, das Umsetzungskonzept nicht erst ausführlich auszuarbeiten und erst nach der abschließenden Fertigstellung mit der Einführung zu beginnen. Es kommt der Prozessqualität wie der Passgenauigkeit in der späteren Durchführung zugute, wenn Konzeptphase und Pilotphase nicht scharf getrennt werden. Gegebenenfalls können auch mehrere Lösungsvarianten separat vorangetrieben werden. Die Entscheidung über die langfristig gültige Variante muss dann erst getroffen werden, wenn ausreichend Erfahrungen mit diesen Varianten vorliegen. Die Erfahrung zeigt, dass zum Beispiel Entwickler ein solches offenes Vorgehen schätzen und dass sie auch in der Lage sind, es konstruktiv mitzutragen. In der Fertigung oder Verwaltung ist der Bedarf nach vorgedachten Konzepten in der Regel höher.

Führung mit Vertrauensbereitschaft

Als Schlüsselfrage im Einführungsprozess erwies sich immer wieder das Verhalten der Führungskräfte, wenn es etwa im Meeting zur Planung der nächsten Sprintaufgaben um die Frage ging, wie viel Aufwand zur Bearbeitung eines konkreten Arbeitspakets realistischerweise aus Sicht des agilen Teams notwendig sein würde. Hier ist Vertrauen der Führung darin erforderlich, dass die Teams im Sinne des Unternehmens verantwortlich planen und arbeiten. Eine entscheidende Frage für den gesamten weiteren Prozess ist, ob dieses Vertrauen in die Kompetenz und Verantwortlichkeit der Teams vorhanden ist.

Falls deutlich werden sollte, dass dies nicht der Fall ist, wird am besten ein Beobachtungszeitraum vereinbart, in dem das Verhalten der Beteiligten unter den neuen Bedingungen erprobt werden kann. Empfehlenswert ist es, zunächst mit einem Vertrauensvorschuss zu beginnen und dann auszuwerten, ob dies im Wesentlichen zu den erhofften Prozessen und inhaltlichen Ergebnissen geführt hat. Wenn sich längerfristig zeigt, dass entweder dieses Vertrauen nicht gerechtfertigt scheint oder ein noch vertrauensvollerer Umgang möglich ist, sind gegebenenfalls Veränderungen vorzunehmen.

Auch Teammitglieder müssen Vertrauen aufbringen

Die Mitarbeiter in den agilen Teams müssen für die Sprintplanungen offenlegen, wie viele Stunden sie im nächsten Sprint tatsächlich für das Team zur Verfügung stehen und wie viele Aufgaben sie schaffen. Unproduktive Zeiten oder aufwendige Nebenarbeiten werden sehr deutlich sichtbar – gegenüber Kollegen, unter Umständen auch gegenüber Vorgesetzten. Ebenfalls deutlich wird, wo Mitarbeiter gegebenenfalls noch heimliche Puffer haben, mit deren Hilfe sie übergroßen Belastungen ausweichen können. Geringe Transparenz kann die Mitarbeiter so auch vor unangenehmen Fragen und Überlastung schützen.

Diese intransparenten Bereiche mit der Einführung von agiler Teamarbeit aufzugeben erfordert ebenfalls Vertrauen – gegenüber den Kollegen wie gegenüber dem Scrum Master und Vorgesetzten. Dafür sind gegebenenfalls Schutzangebote (zum Beispiel Verbesserungen im Prozess, wertschätzender Umgang mit alltäglichen Unzulänglichkeiten, Ressourcenverschiebungen et cetera) nötig, damit diese Transparenz nicht gegen den jeweiligen Mitarbeiter gewendet wird. Schlussendlich ist dies auch eine Frage, inwieweit die Unternehmenskultur dazu beiträgt, einen vertrauensvollen Umgang zu fördern.

Gerade bei den bewährten agilen Methoden wie Scrum oder Kanban, die ja mit sehr genauen Verhaltensregeln hinterlegt sind, ist es bedeutsam, die Menschen auch im Denken und Fühlen abzuholen und zu schulen. Das bedeutet, dass es bei der Einführung nicht darum geht, auf das statische Einhalten eines Workflows zu beharren. Vielmehr sollen agiles Denken und grundlegende Prinzipien wie Kundenorientierung, Verbindlichkeit und Verantwortung als dem Handeln zugrunde liegende Orientierungsraster trainiert werden. Die beschriebenen Regeln sollen diese Prinzipien lediglich

Workflows müssen verstanden werden, nicht befolgt

unterstützen, deren stures Befolgen ist kein Garant dafür, dass diese tatsächlich gelebte Praxis werden.

Von besonderer Wichtigkeit ist, dass sich die Teams selbst einen Workflow erarbeiten, der ihnen erste Erfolgserlebnisse verschafft und zu ihren Aufgaben passt.

Der Einführungsprozess muss die erste agile Erfahrung für Mitarbeiter und Führungskräfte sein

Selbstverpflichtung und gegenseitige Verpflichtung zu dem Ziel, auf das sich alle Teammitglieder committet haben, stellt die Basis der gemeinsamen Arbeit dar. Und dies bereits (und besonders) im Einführungsprozess! Dies ist von Anfang an mitzudenken und vom ersten agilen Tage an gilt es, diese als die Triebfedern des Arbeitens zu fördern – wenngleich nicht erwartet werden kann, dass diese vom ersten Tage an auch als funktionierende gelebte Praxis in die DNA der Mitarbeitenden festgeschrieben ist.

Auch hier gilt wieder, dass es nicht um die sture Einhaltung von Milestones und Terminplänen geht, sondern darum, bereits beim Einführungsprozess die spürbare Erfahrung zu machen, dass Verbindlichkeit und Verantwortung die Motoren der Arbeit sind – auch wenn diese erst mal ins Laufen kommen müssen. Das bezieht sich sowohl auf das Tempo der Veränderung, Reihenfolge und die Art und Weise wie sie geschieht.

Dieses neue Denken manifestiert sich bei den Teammitgliedern in der Frage: »Was will die Organisation als Kunde von mir als Team (beziehungsweise Dienstleister)«?

Bereichsübergreifendes Arbeiten als besondere Herausforderung bei der Einführung agiler Methoden

Bei allem Neuen und Begeisternden sowie den anderen Sichtweisen, die agiles Arbeiten mit sich bringt, erleben wir immer wieder, dass es an einem ganz alten Problem scheitert. Den Schwierigkeiten der bereichs- und fachübergreifenden Zusammenarbeit: Fachliche Zwänge werden persönlich ausgelegt, es wird um die Deutungshoheit zwischen Fachbereichen gestritten und wichtige Inputs werden wegen der verschiedenen professionellen Herangehensweisen nicht beachtet. Dies sind altbekannte Probleme und alleine der Wille zu agilem Arbeiten räumt diese auch nicht aus.

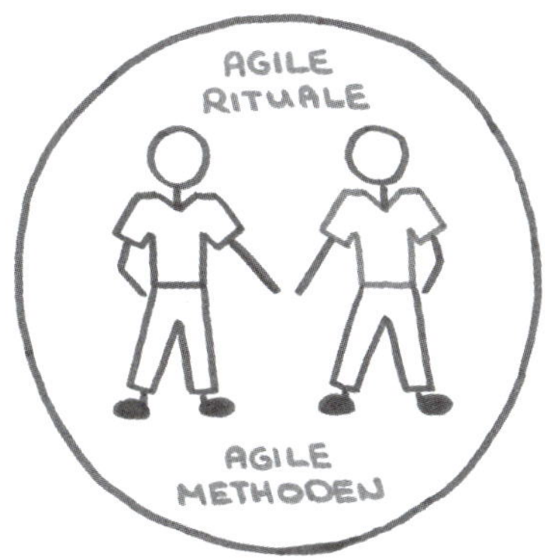

Aus diesem Grund sollten agile Rituale und Methoden, die diese Kommunikationshindernisse abbauen, möglichst früh installiert werden (zum Beispiel Retrospektive, Review). Sie geben zum einen Sicherheit und zum anderen erlauben sie ein Warmwerden mit und im besten Falle Erlernen von der doch so fremden Denk- und Handlungslogik einer anderen Profession. Praktisch und sehr anschaulich lässt sich dies immer wieder anhand der sprichwörtlichen Katz und Maus-Spiele zwischen Kaufleuten und Ingenieuren erleben, ebenso allerdings auch zwischen Entwicklern und Kundendienstmitarbeitern. Die Erfahrung aus vielen Projekten zeigt: Gerade wenn mit der Einführung einer neuen, agilen Vorgehensweise für viele Beteiligte unbekanntes Terrain betreten wird, dann schaffen standardisierte, leicht wiedererkennbare Rituale eine ausgleichende Stabilität in unsicheren Zeiten – wir bezeichnen diesen Faktor gerne als Sicherheit durch Verfahren.

Die Einführung ist nie endgültig abgeschlossen

Es gibt bei der Gestaltung von Prozessen in Organisationen nie einen Endzustand, der beliebig lange beibehalten werden kann. Die Randbedingungen ändern sich, ebenso die Erfahrungen im Unternehmen. Deshalb müssen Reviews, Weiterentwicklungen und Standards aus dem Einführungsprozess weiter genutzt werden.

8.
Agile Teamarbeit gleich gesunde Arbeit?

Gastbeitrag von Martin Helfer

Als Berater beschäftigen wir uns mit der Frage, wie Arbeit so gestaltet werden kann, dass sie zum einen effektiv und effizient organisiert ist, zugleich aber auch dazu beiträgt, dass Menschen Spaß an der Arbeit haben, dabei gesund bleiben und sogar an dieser wachsen können.

Sie ahnen es: Das ist gar nicht so einfach zu bewerkstelligen und schon gar nicht, wenn man berücksichtigt, dass die in Kapitel 1.1 beschriebenen Ausgangsbedingungen wie vermehrter Kostendruck, steigende Komplexität der Arbeitsprozesse und anspruchsvollere Kundenanforderungen unser gegenwärtiges wirtschaftliches Umfeld prägen und zu dem Gefühl »Der Druck steigt!« beitragen können.

» Unserer Beobachtung nach birgt agiles Arbeiten das Potenzial mit den Anforderungen der Arbeitswelt optimal umzugehen und dabei gleichzeitig gesundheitsförderlich zu wirken!

Aber agiles Arbeiten ist gleichzeitig nicht die alleinige Lösung aller Probleme, es braucht sachgerechte Anwendung dieser Arbeitsform und birgt auch Risiken, die bei der Einführung agiler Teamarbeit im Blick behalten werden müssen.

Wir möchten Ihnen die Realität nicht schönmalen, sondern in diesem Kapitel sowohl die zweifelsohne großen gesundheitsförderliche Ressourcen von agiler Teamarbeit, aber auch die potenziellen Nebenwirkungen und Schattenseiten darstellen.

Selbstorganisation: Segen und Fluch!?

Als sich Anfang der 2000er-Jahre immer klarer abzeichnete, dass in der IT-Branche mit völlig neuen Formen des Arbeitens experimentiert wurde, herrschte in der arbeitswissenschaftlichen Fachwelt gespannte Erwartung. Es schien, dass die Arbeit dort viele Kriterien menschengerechter Arbeit weitgehend erfüllten und so optimale Voraussetzungen für längerfristig gesunde Arbeitswelten schaffte: Abbau von Hierarchien und formalen Entscheidungsstrukturen, die sich in weitreichenden Handlungsspielräumen niederschlugen, die Möglichkeit Arbeitszeit und Arbeitsort praktisch frei zu wählen, umfassende Aufgabenbearbeitung (von der zündenden Idee über die Auswahl des geeigneten Lösungsweges zur praktischen Umsetzung) und das alles vor dem Hintergrund eines innovativen Umfeldes in dem ausreichend Möglichkeit zum kreativen Austausch im Team gegeben war.

Doch entgegen aller Erwartungen zeigte sich schnell, dass es zu massiven Belastungen der Beschäftigten kamen, die sich in desaströsen Krankenstands- und Ausfallsraten, hohem subjektiven Stresserleben und dem Auftauchen des nun breit in der Öffentlichkeit stehenden Phänomens von Burn-out kam.

Doch warum war diese anfänglich so schillernde Zukunftsvision der Arbeitswissenschaft so grundlegend gescheitert?

These

Die Beschäftigten der IT-Branche waren auf der einen Seite massivem Zeit- und Kostendruck in einem wettbewerbsreichen internationalen Umfeld mit sehr kurzen Innovationszyklen ausgesetzt, auf der anderen waren die auf Selbstorganisation setzenden Strukturen der IT-Welt nicht in der Lage, diesen Druck auch nur im geringsten abzufedern.

Ganz im Gegenteil: Bis dato hatte vor allen Dingen der Einfluss der Führungskräfte zu einer Begrenzung des Arbeitspensums geführt, da diese im Falle von extremen Abweichungen zwischen vorgegebenen Zielen und Kapazitäten Alarm schlugen und für Begrenzung sorgten. Diese Steuerungsfunktion fiel weg und die Mitarbeitenden nutzten ihre neu gewonnenen Freiheiten dahingehend, dass sie ihre Arbeitszeiten immer weiter ausdehnten, auf Pausen verzichteten, am Abend und von zu Hause aus arbeiteten und auch gerne im Urlaub noch die kreativen Momente nutzen, um an Lösungen für knifflige Fragestellungen weiterzudenken.

Neben dem hohen Druck spielte auch eine Rolle, dass die Mitarbeitenden (zumindest anfänglich) auch Spaß an ihrer Arbeit hatten, weil es motivierend war, sich außerhalb der Nine-to-five-Norm zu befinden, den Arbeitstag frei gestalten zu können und Aufgaben ohne Vorgaben von oben selbstbestimmt ausführen zu können. Doch sehr schnell mussten viele feststellen, dass, so unangenehm dieses Korsett klassischer Arbeitsstrukturen auch war, es zumindest den Effekt hatte, dass es Begrenzung schuf, die nun vollkommen fehlte. Nach kurzer Zeit stellten sich die oben beschriebenen massiven Gesundheitsbelastungen als Folge von chronischem Stress und andauernder Mehrarbeit ein.

Was bedeutet dies für agiles Arbeiten?

Agiles Arbeiten weist klare Parallelen zu den oben genannten Arbeitsstrukturen der IT-Branche auf: Auch agile Teamarbeit setzt auf die Selbstorganisationsfähigkeit des Teams. Auch agile Teamarbeit ist oftmals projektförmig organisiert, läuft in kurzen Innovationszyklen ab und es ist nicht zu leugnen, dass auch agile Teams oftmals erheblichem Druck ausgesetzt sind. Und schlussendlich lebt agiles Arbeiten davon, dass die Mitarbeitenden sich zu einem gemeinsamen Ziel committen und im Optimalfall motiviert und kreativ am Werke sind.

Dementsprechend bestehen auch in agiler Teamarbeit ähnliche Risiken für Beschäftigte, die sich im Auftauchen von Entgrenzung, Burn-out und einem in der jüngsten Zeit vielfach diskutierten und beschriebenen Phänomen, der sogenannten interessierten Selbstgefährdung, manifestieren können. Unter Letztgenanntem ist ein Verhalten zu verstehen, bei dem Beschäftigte sich quasi selbst dabei zusehen, wie ihr tägliches Arbeitshandeln ihre Gesundheit gefährdet, sie aber nichts dagegen unternehmen, weil sie ihrem beruflichen Erfolg höheres Gewicht einräumen (vergleiche Peters, 2011).

Praxis

Unserer Erfahrung nach ist das wahrscheinlich zentralste Steuerungsmittel agiler Arbeitsweisen, um den oben beschriebenen Gefahren der Selbstorganisation entgegenzuwirken, die konsequente Anwendung des agilen Schätzens (vergleiche Kapitel 4.4). Dieses Instrument befähigt das agile Teams dazu, realistisch machbare Kapazitäten genau zu schätzen und soll verhindern, dass ein agiles Team in permanenten Hochleistungskurven gefangen ist.

Am Anfang eines agilen Projektes stellen wir immer wieder fest, dass Teams sich zu viel zumuten, gemäß dem Motto »Das wird schon gehen«; beziehungsweise war wohl eher gemeint »Das muss gehen!«. Diese Haltung birgt die Gefahr, dauerhaft Zielen hinterher zu hetzen, die eigentlich – bei rationaler Abwägung aller Fakten – nicht machbar sind.

Der permanente Abgleich zwischen der Einschätzung über vorhandene Kapazitäten durch das Team und real benötigter Kapazität hilft diesem, ein realistisches Bild über tatsächlich zu veranschlagende Kapazitäten zu entwickeln. Die Zielsetzung agilen Arbeitens ist es nicht mehr, wie häufig im herkömmlichen Projektmanagement, sich an einem Termin zu orientieren und dann auf Biegen und Brechen darauf hinzuarbeiten, dass dieser erreicht wird, sondern sich vielmehr an der real zur Verfügung stehenden Kapazität auszurichten. Das ist Teil des agilen Denkens und Anforderung an jedes einzelne Team sowie den agilen Coach, der im Zweifelsfalle unrealistische Einschätzungen hinterfragt.

Was hinzukommt ist, dass durch die Methode des agilen Schätzens den realen Anforderungen an die Mitarbeitenden im Hier und Jetzt Rechnung getragen wird. Kurzfristige Anforderungen, etwa aus der Linie, die Kapazität für das agile Team aufsaugen, werden zu Beginn eines jeden Sprints in der Planung berücksichtigt (indem diese in den Fokusfaktor eingeht). So kann auch in Zeiten von Mehrfachbelastungen ein realistisches Bild über zur Verfügung stehende Kapazitäten erzeugt werden und Überlastung durch – anfänglich nicht berücksichtigbare – Kapazitätsfresser vorgebeugt werden.

Neben den hier ausführlich geschilderten Gefahren der Selbstorganisation möchten wir das Bild aber noch etwas ausbalancieren, da sonst der Eindruck entstehen könnte, dass Selbstorganisation vor allem mit gesundheitsgefährdenden Risiken verbunden ist. Das ist keineswegs so, vielmehr handelt es sich bei den geschilderten Phänomenen um mögliche Nebenwirkungen.

Die sich überwiegend einstellenden Wirkungen der Selbstorganisation bei gut eingespielten Teams sind mehr Spaß an der Arbeit durch einen Zuwachs an Selbstbestimmung bei Planung und Ausführung der Arbeit, ein höheres Maß an Einblick in Prozesse, das mit ausgeprägterem Kompetenzerleben einhergeht, sowie nicht zuletzt die Reduktion von Störquellen in der Arbeit (zum Beispiel indem Informationsdefizite ausgeräumt werden oder schnelles Reagieren auf kurzfristige Änderungen ermöglicht wird).

Zielsetzung: Selbst- oder fremdbestimmt?

Wir wissen aus der Gesundheitsforschung, dass es für Menschen ungemein motivierend, aber vor allem auch gesund ist, wenn ihnen die Möglichkeit gegeben wird, selbstbestimmt Ziele zu wählen und nach eigenem Gutbefinden zu verfolgen.

Doch haben agile Teams eigentlich die Möglichkeit ihre Ziele selbst zu setzen? Geben diese nicht eigentlich die Kunden vor, stellvertretend für diese vielleicht ein Product Owner oder eine Führungskraft?

Das sind durchaus kritische Fragestellungen, die in der Fachwelt vielfach unter dem Stichwort »indirekte Steuerung« diskutiert werden. Ein zentrales Risiko gerade in projektförmiger Arbeit besteht nämlich darin, dass Teams zwar alle Freiheiten darin eingeräumt werden, wie sie ein Ziel erreichen, aber diese kaum oder keinerlei Mitsprache darin haben worin das Ziel eigentlich besteht. Die Gefahr ist offenbar: Teams optimieren und verausgaben sich selbst in dem Versuch, diese fremdgesetzten und oftmals nicht SMARTen Ziele zu erreichen.

Die Frage, ob agile Teams ihre Ziele selbst setzen können, können wir mit einem klaren »Jein« beantworten. Auf der einen Seite ist es eine nicht bestreitbare Realität des Arbeitslebens, dass gerade in komplexen Arbeitsprozessen die Ziele vielfach von außen vorgegeben werden (müssen). Der Kunde gibt die Ziele vor, dies ist auch bei agilem Arbeiten nicht anders. Aber ein wesentlicher Unterschied zu dem benannten Risiko besteht darin, dass die Teams selbst entscheiden können, wie das Teilziel gerade für diesen Sprint aussieht. Das Team entscheidet, wie viel es sich zutraut und gewinnt dadurch Steuerungsmöglichkeit.

» Beachte: Auch agile Ziele müssen smart sein. Also spezifisch (s), messbar (m), ansprechend (a), realistisch (r) und vor allem terminiert (t). Fehlen diese Eigenschaften, geht in agilen wie anderen Prozessen die Steuerungsfunktion von Zielen verloren.

Hier kommt wieder das agile Schätzen ins Spiel. Gelingt es dem Team realistische Schätzungen durchzuführen, die nicht auf Basis von Terminvorgaben, sondern der real zur Verfügung stehenden Kapazitäten erfolgt und wird diese Schätzung des Teams auch ernst genommen, so ist das Risiko erstmals gebannt, dass das Team einem viel zu hoch gesteckten Ziel hinterherhechelt. Denn es wird so schnell klar werden, dass die Zielvorgaben mit der gerade bestehenden Teamkapazität nicht im vorgegebenen Zeitfenster einhaltbar sind und Lösungen auf einer anderen Ebene für dieses Problem gefunden werden müssen.

Darüber hinaus bietet agile Arbeit günstige Voraussetzungen, um Ziele fokussiert anzugehen und diese so zu gestalten, dass sie die Kriterien gesundheitsförderlicher Zielvorgaben erfüllen, nämlich realistisch, erreichbar, individuell anpassbar und beeinflussbar, messbar formuliert und terminiert, persönlich bedeutsam und kompatibel mit anderen Zielen zu sein.

Diese beiden Faktoren, nämlich die konsequente Orientierung des Teams an den vorhandenen Kapazitäten und nicht an fremdgesetzten Fixterminen, und die Möglichkeit wirklich SMART-Ziele zu formulieren, sind die entscheidenden Hebel, um den Risiken von Burn-out, Entgrenzung und interessierter Selbstgefährdung vorzubeugen.

Sprint – Hochleistung auf Dauer?

Die Bezeichnung »Sprint«, wie sie etwa in dem agilen Framework Scrum verwendet wird und die Dauer einer Iteration bezeichnet, ist eigentlich irreführend. Das Wort Sprint legt nahe, dass es um Hochleistung geht. Nur ist eine solche außerordentliche Hochleistung nur für einen kurzen und überschaubaren Zeitraum möglich. Auch der trainierteste Athlet ist nicht in der Lage, eine Sprintgeschwindigkeit über einen längeren Zeitraum, ja gar über mehrere Minuten, aufrechtzuerhalten.

Praxis

Ähnlich ist es auch in der Arbeitswelt. Agiles Arbeiten wird in kleine Einheiten (Sprints) aufgeteilt und soll so den Normalarbeitsprozess untergliedern. Sprints sind also als ein dauerhaftes Konzept für die Arbeit in Teams konzipiert. Eine vielfach mit dem tatsächlich irreführenden Begriff »Sprint« verbundene Vorstellung ist, dass agiles Arbeiten bedeute, die punktuelle Höchstleistung des Sprints als Leistungslevel für den permanenten Arbeitsprozess zu etablieren. Das will agiles Arbeiten nicht, vielmehr geht es darum ein Arbeitstempo zu finden, in dem über einen längeren Zeitraum ohne Reibungsverluste gesund und produktiv gearbeitet werden kann.

Aus der Arbeitspsychologie ist bekannt, dass chronische Belastungen, die die eigenen Leistungsgrenzen dauerhaft überfordern und Energiereserven abzapfen, zu gesundheitlichen Schäden führen, die gemeinhin als Stress (genauer müsste es heißen stressbedingte Folgeerkrankungen) bekannt sind. Auch die Vorstellung einen dauerhaften Sprint (wie in der Athletik) hinzulegen, würde einer Chronifizierung von Stress gleichkommen und mit massiven Folgen für die Gesundheit verbunden sein. So weiß man, dass als kurzfristige Folge von Stress etwa Symptome wie Gereiztheit, innere

Unruhe, Konzentrationsstörungen oder Migräne auftauchen können. Bei einem längeren Ignorieren dieser Alarmsignale kann sich Stress beispielsweise in Form einer Schwächung des Immunsystems oder von Herz-Kreislauf-Erkrankungen auswirken, die sogar tödlich verlaufen können.

Wenn agiles Arbeiten nachhaltig gelebt werden soll, geht es also darum, das richtige Tempo zu finden, in dem herausragende Ergebnisse erzielt werden können und gleichzeitig die Gesundheit nicht beeinträchtigt wird. So wird Spaß durch gute Ergebnisse und Gesundheit gleichermaßen gefördert.

Transparenz: ein zweischneidiges Schwert!

Transparenz ist in der agilen Welt und weit darüber hinaus, beispielsweise, wenn man Diskussionen um das Themengebiet um Digitalisierung und Arbeit 4.0 beobachtet, ein schillernder Begriff. In Kapitel 2.2 haben wir selbst Transparenz als eine der Kernsäulen von agilem Arbeiten beschrieben und zweifelsohne ist das Schaffen von Transparenz eine wesentliche Voraussetzung, um Teams im agilen Framework handlungsfähig zu machen.

Tipp

So entsteht Transparenz etwas, dadurch, dass in verschiedenen Dokumenten (Product Backlog, Sprint Backlog) zu jedem Zeitpunkt klar ist, worin die Aufgaben meines Teams bestehen, was die anderen machen und was meine Arbeit mit dem großen Ganzen zu tun hat. Dies ist tatsächlich eine wesentliche – auch gesundheitsförderliche – Ressource: Unnötige Arbeitsschritte, Doppelarbeiten oder Blindleistungen, die oftmals ärgerlich und auch zeitraubende beziehungsweise Zeitdruck schaffende Faktoren der Arbeit sind, können so vermieden werden. Arbeitsabläufe funktionieren störungsfreier.

Auch das Gefühl zu wissen, dass meine Arbeit a) für das Team und b) auch für die Gesamtorganisation relevant ist, ist eine nicht zu unterschätzende Quelle von Motivation. Und der meist tägliche Austausch darüber, was die anderen gerade machen, kann einer Gefahr vor allem in längerfristig angelegten Projekten vorbeugen: Unserer Erfahrung nach kann nämlich in solchen Projekten immer wieder der subjektive Eindruck entstehen: »Eigentlich bin ich doch der einzige (Idiot), der hier gerade an dem Projekt arbeitet. Die anderen kümmern sich um ganz andere Dinge.« Und gerade diesem frustrierenden Gefühl kann Transparenz entgegenwirken: Denn entweder wird durch zum Beispiel tägliche Absprachen schnell offenbar, dass ich tatsächlich der einzige bin, der gerade am Projekt arbeitet, was eine sofortige Reaktion des Teams notwendig machen würde. Oder aber, was viel häufiger der Fall ist, ich sehe was die anderen gerade machen und weiß so, dass wir als Team an der Aufgabe dran sind.

Und doch ist Transparenz nicht nur uneingeschränkt positiv zu bewerten, sondern sie wirft viele Fragen auf, die sich um das Spannungsfeld zwischen Transparenz als notwendiger Arbeitsgrundlage versus Transparenz als erlebte Einschränkung persönlicher Freiräume dreht.

Transparenz bedeutet auch, dass alle anderen im Team und gegebenenfalls auch meine Vorgesetzten wissen, woran ich arbeite, wie lange ich dafür brauche und was am Ende dabei herausgekommen ist. Transparenz kann also auch erheblichen Druck erzeugen und ein Gefühl des Kontrolliert-Seins erzeugen. Wichtig erscheint uns, Transparenz nicht als Selbstzweck zu verstehen, sondern sich immer bei der Schaffung von Transparenz die Frage zu stellen »Wozu brauchen wir an der Stelle Transparenz?« und »Wie viel Transparenz ist notwendig, um unser Ziel zu erreichen?«.

Mitunter kann das Streben nach Transparenz nämlich auch seltsame Blüten treiben und dazu führen, dass versucht wird, Transparenz, also Sichtbarkeit oder Durchsichtigkeit über alles und jeden herzustellen. Und mit Recht stößt diese zum Selbstzweck gewordene Form der Transparenz auf

Widerstand, wenn diese zu weit greift: »Muss ich tatsächlich als Beinahe-Unfall angeben, wenn ich mir im Büro den Finger in einer Schublade eingeklemmt habe?«

Sicherlich gibt es keine Patentlösungen im Umgang mit der Transparenz, sondern es ist unserer Erfahrung nach entscheidend, sich in einem gelebten Diskussionsprozess, der übrigens möglichst transparent geführt werden sollte, über Sinnhaftigkeit und das richtige Maß der Transparenz zu verständigen.

Damit Transparenz auf Akzeptanz stößt und seine positiven Potenziale entfalten kann, ist es entscheidend dass jeder im Team weiß, sieht und vor allem im Arbeitshandeln spürt, dass die Transparenz notwendig ist und ihm Vorteile verschafft. Dafür braucht es einen sorgsamen Umgang mit der Transparenz: Wird diese genutzt, um Mängel, Fehler oder gar persönliche Versäumnisse aufzuspüren oder gelingt es, diese als ein festes Arbeitsmittel zu etablieren, das wie alle anderen Arbeitsgeräte auch eine sachgemäße Anwendung benötigt?

Agiles Arbeiten nützt die Vorzüge der Teamarbeit

Ein wesentlicher Vorzug und ein gewichtiges Verkaufsargument für Teamarbeit besteht darin, dass störungsfreie und reibungslose Arbeitsprozesse in erheblichem Maße gefördert werden. Und dies ist erwiesenermaßen eine zentrale Voraussetzung für längerfristig die Gesundheit fördernde Arbeit. Insbesondere agile Teams haben das Potenzial, diesen Vorzug von Teamarbeit optimal zu nutzen, indem den Teams ausreichend Zeit für die Nachbesprechung und gemeinsame Reflexion von Arbeitsprozessen gegeben wird. Dies geschieht im agilen Framework Scrum etwa in der Sprint Retrospektive, in der die Fragen »Was lief gut? Was können wir besser?« thematisiert werden.

Auch hier wollen wir nicht den Eindruck erwecken, dass diese Meetings einmal eingeführt, bei den Mitarbeitenden sofort Begeisterungsstürme auslösen. Oftmals ist anfänglich überhaupt nicht klar ersichtlich, welchen Effekt diese Meetings auf die Arbeit oder gar die Gesundheit haben können. Ganz im Gegenteil. So mancher Mitarbeiter hat im Vorfeld eher die Befürchtung »Da wird ja alles totgeredet« oder »Wir haben ganz schön Stress und halten uns jetzt auch noch damit auf, zu reflektieren.«

Unsere Erfahrung zeigt allerdings, ist man erst einmal über die Anlaufphase hinweggekommen und werden diese Meetings regelmäßig abgehalten (zum Beispiel im dreiwöchigen Rhythmus), so stellen sich schnell positive Effekte ein, die im Alltag spürbar werden: »Endlich muss man der Freigabe in SAP nicht mehr hinterher telefonieren!«, »Auf einmal bekomme ich die Zuarbeiten zeitgerecht und sogar noch mit allen relevanten Informationen, die ich brauche«.

Agiles Arbeiten schafft günstige Bedingungen für Lernprozesse

Praxis

Durch die klare Fokussierung eines Teams auf abgeschlossene Arbeitsaufgaben und die gegenseitige Präsentation der Ergebnisse im Team ergibt sich immer wieder die Möglichkeit des individuellen und kollektiven fachlichen Lernens. Eine der wesentlichen Aufgaben des agilen Coachs besteht darin, die Diskussionen so zu gestalten, dass Fachdiskussionen und Arbeitsplanung getrennt bleiben und es ein definiertes Zeitfenster für fachliches Lernen gibt, ohne dass fachliche Detaildiskussionen die gemeinsame Arbeit behindern.

Agiles Arbeiten sorgt durch kurze Planungszyklen und gegenseitige Abstimmung dafür, dass im Arbeitsprozess von Einzelnen gewonnene Erkenntnisse in den weiteren Arbeitspaketen von allen genutzt werden können. Dabei kann es sinnvoll sein, nicht in jedem Fall den fachlich versiertesten Mitarbeiter einzusetzen (der dann auch weiter als einziger für dieses Aufgabengebiet qualifiziert bliebe), sondern zur Verbreiterung der

Qualifikation und zur Erhöhung der Ersetzbarkeit bewusst andere mit der Aufgabe zu betrauen, die sich auf diese Weise – in einem gesicherten Rahmen – einarbeiten können.

Durch die Anforderung an das Team, Arbeit selbstständig verlässlich zu planen und für die Aufgaben benötigte Kapazitäten treffsicher einzuschätzen (Stichwort: agiles Schätzen), steigt die Bereitschaft des Teams, diese Lernprozesse in die tägliche Arbeit zu integrieren. Denn ein agiles Team strebt nach Verlässlichkeit, auch in Störungs-, Urlaubs- oder Krankheitssituationen.

Und die kann es eben nur bewältigen, wenn es vorher selbst für genügend Kompetenz gesorgt hat.

Agiles Lernen

Literatur

Agile Alliance (2001): Manifesto for Agile Software Development (Quelle aus dem Internet: http://agilemanifesto.org/; letzter Zugriff am 18.10.2017).

Anderson, David J. (2012): Lessons in Agile Management: On the Road to Kanban. Blue Hole Press.

Antoni, Conny H. (1994): Gruppenarbeit in Unternehmen. Konzepte, Erfahrungen, Perspektiven. Beltz Psychologie Verlag.

Appelo, Jürgen (2010): Management 3.0. Leading Agile Developers, Developing Agile Leaders. Addison Wesley Publishing.

Argyris, Chris (1997): Wissen in Aktion. Eine Fallstudie zur lernenden Organisation. Klett-Cotta Verlag.

Bahlow, Jörg; Braun, Christiane; Kullmann, Gerhard (2009): Erfolgreiches Re-Design. Weiterentwicklung von Gruppenarbeit. In: Management und Qualität, 3/2009.

Bahlow, Jörg; Kullmann, Gerhard (2012): Die Zukunft ist agil. Agiles Vorgehen im Anlagenbau. In: Management und Qualität, 5/2012.

Bamberg, Eva; Ducki, Antje; Metz, Anna-Marie (2011) (Hrsg): Gesundheitsförderung und Gesundheitsmanagement in der Arbeitswelt. Ein Handbuch. Hogrefe Verlag.

Bamberg, Eva; Mohr, Gisela; Busch, Christine (2012): Arbeitspsychologie. Göttingen: Hogrefe Verlag.

Benson, Jim (2013): Personal Kanban. Visualisierung und Planung von Aufgaben mit dem Kanban-Board. dpunkt.verlag.

Best, Daniela; Hurtz, Albert (2014): Raus aus der Lean-Falle. Lean erfolgreich zur Gewohnheit machen. BusinessVillage Verlag.

Boston Consulting Group: Agile Unternehmen sind wirtschaftlich erfolgreicher. (Quelle aus dem Internet: https://www.bcg.com/de-at/d/press/20march2017-agile-unternehmen-152999; letzter Zugriff am 26.07.2017).

Breisig, Thomas (1990): It´s Team Time. Kleingruppenkonzepte in Unternehmen. Bund Verlag.

Bröckling, Ulrich (2007): Das unternehmerische Selbst: Soziologie einer Subjektivierungsform. Suhrkamp Verlag.

Brödner, Peter; Kötter, Wolfgang (Hrsg.) (1999): Frischer Wind in der Fabrik. Kulturwandel als Erfolgsfaktor der Reorganisation von Produktionsprozessen. Springer Verlag.

Burrows, Mike (2015): Kanban. Verstehen, einführen und anwenden. dpunkt.verlag.

Cohn, Mike (2005): Agile Estimating and Planning. Prentice Hall International publishing.

Cohn, Mike (2010): Agile Softwareentwicklung: mit Scrum zum Erfolg! Addison-Wesley Verlag.

DeMarco, Tom (2001): Spielräume. Projektmanagement jenseits von Burn-out, Stress und Effizienzwahn. Hanser Verlag.

Demmer, Bettina; Gohde, Hans-Eckhard; Kötter, Wolfgang (1991): Komplettbearbeitung in eigener Regie. Prüfsteine zur Planung von Fertigungsinseln. In: Technische Rundschau, 4/1991.

Derby, Esther; Larsen, Diana (2006): Agile Retrospectives: Making Good Teams Great. The PragmaticProgramers Publishing.

Gellert, Manfred; Nowak, Claus (2002):Teamarbeit, Teamentwicklung, Teamberatung. Ein Praxisbuch für die Arbeit in und mit Teams. Limmer Verlag.

Glißmann, Wilfried; Peters, Klaus (Hrsg.). (2001). Mehr Druck durch mehr Freiheit: Die neue Autonomie in der Arbeit und ihre paradoxen Folgen. Verlag VSA.

Gloger, Boris (2009): Scrum. Produkte zuverlässig und schnell entwickeln. Hanser Verlag.

Gloger, Boris; Rösner, Dieter (2014): Selbstorganisation braucht Führung: Die einfachen Geheimnisse agilen Managements. Carl Hanser Verlag.

Helfer, Martin; Kötter, Wolfgang (2015): Selbstgestaltete Arbeitsbedingungen – Segen oder Fluch? Ergebnisse einer qualitativen Studie zu Belastungen und Ressourcen von Selbstgestaltern. In: GfA (Hrsg.): VerANTWORTung für die Arbeit der Zukunft. Kongressband (digital).

Helfer, Martin; Höth, Harald; Kötter, Wolfgang; Roth, Sebastian (2017): Betriebliches Gesundheitsmangement und Kompetenzentwicklung für Selbstgestalter/-innen. In: Janneck, Monique; Hoppe, Annekatrin (Hrsg.): Gestaltungskompetenzen für gesundes Arbeiten. Arbeitsgestaltung im Zeitalter der Digitalisierung. Springer Verlag.

Hinrichs, Stefan; Latniak, Erich (2013): Wandel der Arbeit – Wandel der (Erklärungs-) Konzepte? In: GfA e.V. (Hrsg.): Chancen durch Arbeits-, Produkt- und Systemgestaltung – Zukunftsfähigkeit für Produktions- und Dienstleistungsunternehmen. (S. 125-128). Gfa-Press.

Hurtz, Albert; Flick, Daniela (2002): Verbesserungsmanagement. Was gute Unternehmen erfolgreich macht. Gabler Verlag.

Jöns, Ingela (Hrsg): (2016): Erfolgreiche Gruppenarbeit. Konzepte, Instrumente, Erfahrungen. Springer Gabler Verlag.

Katzenbach, Jon R.; Smith, Douglas K.(2003): Teams. Der Schlüssel zur Hochleistungsorganisation. Verlag Moderne Industrie.

Kniberg, Henrik (2007): Scrum and XP from theTrenches. Info Q Enterprise Software Development seriesofbooks.C4Media Publishing.

Kötter, Wolfgang (2006): Arbeitsgestaltung und Organisationsberatung. In: Bamberg, Eva; Schmidt, Jana; Hänel, Kathrin (Hrsg.): Beratung, Counseling, Consulting (S. 307-327). Hogrefe Verlag.

Kötter, Wolfgang; Kullmann, Gerhard (2008): Zeitgemäße Gruppenarbeit. Mit dem Gespür für ein Erfolgskonzept. In: Management und Qualität, 11/2008.

Kötter, Wolfgang; Pust, Carola (2009): Führen von Gruppen und Teams. In: Landau Kurt; Pressel, Gerhard (Hrsg.): Medizinisches Lexikon der beruflichen Belastungen und Gefährdungen (S. 374 – 377). Gentner Verlag.

Kötter, Wolfgang; Kullmann, Gerhard; Pieper, Britta (2009): Das teamorientierte Unternehmen. Damit aus Schnittstellen Nahtstellen werden. In: Management und Qualität, 6/2009.

Kötter, Wolfgang; Helfer, Martin (2015). Rechnen wir uns noch? Arbeitspsychologie und Organisationsentwicklung vor alten und neuen Herausforderungen in Forschung und Gestaltungspraxis. In: Profile – Internationale Zeitschrift für Veränderung, Lernen, Dialog.

Kötter, Wolfgang; Helfer, Martin (2015): Selbst-Gestaltung: ein theoretisches Konzept mit enormen Konsequenzen für Wissenschaft und Praxis. In GfA (Hrsg.): VerANTWORTung für die Arbeit der Zukunft. Kongressband (digital).

Kühl, Stefan (1998): Wenn die Affen den Zoo regieren. Die Tücken der flachen Hierarchien. Campus-Verlag.

Kühl, Stefan; Kullmann, Gerhard (2002): Gruppenarbeit. Einführung, Bewertung, Weiterentwicklung. 2. Aufl. Hanser-Verlag (Pocket-Power, 25).

Kullmann, Gerhard; Longmuß, Jörg; Bullinger, Angelika; Spanner-Ulmer, Birgit (2014) (Hrsg.): Agiles Projektmanagement in der Praxis der Produktentwicklung. aw&I Verlag.

Laloux, Frederic (2015): Reinventing Organizations: Ein Leitfaden zur Gestaltung sinnstiftender Formen der Zusammenarbeit. Verlag Vahlen.

Latniak, Erich; Gerlmaier, Anja (2006): Wenn der Akku leer ist: gesundheitliche Auswirkungen flexibler Formen der Wissensarbeit. FIfF-Kommunikation, 23(1).

Leopold, Klaus; Kaltenecker, Siegfried (2013): Kanban in der IT: Eine Kultur der kontinuierlichen Verbesserung schaffen. Carl Hanser Verlag.

Luczak, Holger; Volpert, Walter (Hrsg.) (1997). Handbuch Arbeitswissenschaft. Verlag Schäffer-Poeschel.

Luhmann, Niklas (2006): Soziale Systeme. Grundriss einer allgemeinen Theorie. Suhrkamp Verlag.

Luhmann, Niklas (2014): Vertrauen: Ein Mechanismus der Reduktion sozialer Komplexität. 5. Auflage. UVK Verlag.

Martin, Robert C. (2003): Agile Software Development. Principles, Patterns and Practices. Upper Saddle River NJ: Prentice Hall Publishing.

Maturana, Humberto R.; Varela, Francisco J. (1991): Autopoiesis and Cognition. The Realization of the Living. Springer Verlag.

Moldaschl, Manfred; Voß, G. Günter (2003) (Hrsg.): Subjektivierung von Arbeit. Rainer Hampp Verlag.

Nowotny, Valentin (2017): Agile Unternehmen: Nur was sich bewegt, kann sich verbessern. 3. Auflage, BusinessVillage Verlag.

Ohno, Taiichi (1978): Toyota Production System: Beyond large-scale production. Productivity Press.

Pekruhl, Ulrich (2001): Partizipatives Management. Konzepte und Kulturen. Hampp Verlag (Arbeit und Technik, 19).

Peters, Klaus (2011): Indirekte Steuerung und interessierte Selbstgefährdung. In: Kratzer, Nick et al. (Hrsg.): Arbeit und Gesundheit im Konflikt. Analysen und Ansätze für ein partizipatives Gesundheitsmanagement (S.105 – 122). Edition Sigma Verlag.

Petersen, Dominik (2011): Den Wandel verändern. Change-Management anders gesehen. Springer Gabler Verlag.

Petersen, Dominik; Witschi, Urs (2015): Wandel durch Vernetzung. Das Praxisbuch für nachhaltiges Change-Management. Springer Gabler Verlag.

Pfeiffer, Sabine; Sauer, Stefan; Ritter, Tobias (2015): Belastungsmanagement mit agilen Methoden? Eine arbeitssoziologische Perspektive. In: ver.di (Hrsg.): Gute Arbeit und Digitalisierung. ver.di Verlag.

Pfläging, Niels (2014): Organisation für Komplexität. Wie Arbeit wieder lebendig wird – und Höchstleistung entsteht. Redline Verlag.

Pichler, Roman (2008): Scrum – Agiles Projektmanagement erfolgreich einsetzen. dpunkt.verlag.

Roock, Stefan; Wolf, Henning (2015): Scrum verstehen und erfolgreich einsetzen. dpunkt.verlag.

Röpstorff, Sven; Wiechmann, Robert (2012): Scrum in der Praxis: Erfahrungen, Problemfelder und Erfolgsfaktoren. dpunkt.verlag.

Sattelberger, Thomas (1996). (Hrsg.): Human Resource Management im Umbruch: Positionierung Potentiale Perspektiven. Gabler Verlag.

Sauer, Stefan; Pfeiffer, Sabine (2012): Arbeitsvermögen als Ressource der Arbeitsorganisation am Beispiel (agiler) Entwicklungsprojekte. In: Bullinger, A. et al. (Hrsg.): Flexibel, stabil, innovativ. Arbeit im 21. Jahrhundert. Cuvillier Verlag.

Sauer, Stefan; Pfeiffer, Sabine (2013): Agility@Innovation. Chancen und Risiken agilen Projektmanagements für innovative, partizipative Arbeit. In: ver.di Vereinte Dienstleistungsgewerkschaft (Hrsg.): Dienstleistungsinnovationen: offen, sozial, nachhaltig, Berlin, S. 42-49.

Schwaber, Ken (2007): Agiles Projektmanagement mit Scrum. Microsoft Press.

Schwaber, Ken; Sutherland Jeff (2016): Scrum Guide 2016. (http://www.scrumguides.org/; letzter Zugriff am 23.10.2017)

Semler, Ricardo (1993): Das Semco System: Management ohne Manager. Das neue revolutionäre Führungsmodell. Heyne Verlag.

Semler, Ricardo (2004): The Seven Day Weekend. Changing the Way Work Works.Verlag Portfolio Hardcover.

Sennett, Richard (1998): Der flexible Mensch. Die Kultur des neuen Kapitalismus. Siedler Verlag.

Sprenger, Reinhard K. (1997): Mythos Motivation. Wege aus einer Sackgasse. Campus-Verlag.

Stach, Michaela (2016): Agil moderieren. Konkrete Ergebnisse statt endloser Diskussionen. Business VillageVerlag.

Sutherland, Jeff (2014): Scrum. The Art of Doing Twice the Work in Half the Time. Crown Business Publishing.

Tuckman, Bruce W. (1965): Developmental sequence in small groups. In: Psychological Bulletin. 63/1965.

Ulich, Eberhard (2011): Arbeitspsychologie. 7. Auflage, Schäffer-Poeschel.

Volpert, Walter (1990): Welche Arbeit ist gut für den Menschen? In: Frei, Felix; Udris, Ivars (Hrsg.): Das Bild der Arbeit. Huber Verlag.

Voß, G. Günter; Pongratz, Hans J. (1998). Der Arbeitskraftunternehmer. Eine neue Grundform der Ware Arbeitskraft? In: Kölner Zeitschrift für Soziologie und Sozialpsychologie, 50(1), 131-158.

Watzlawick, Paul (2000): Anleitung zum Unglücklichsein. Piper Verlag.

Weber, Wolfgang G. (1997): Analyse von Gruppenarbeit. Kollektive Handlungsregulation in soziotechnischen Systemen. Verlag Huber (Schriften zur Arbeitspsychologie, 57).

Weick, Karl E.; Sutcliffe, Kathleen M. (2003): Das Unerwartete managen. Wie Unternehmen aus Extremsituationen lernen. Verlag Klett-Cotta.

Wiechmann, Norbert (2012): Scrum in der Praxis. dpunkt.verlag.

Wolf, Henning; Bleek, Gideon (2010): Agile Softwareentwicklung. Werte, Konzepte und Methoden. dpunkt.verlag.

Womack, James; Jones, Daniel; Roos, Daniel (1991): Die zweite Revolution in der Autoindustrie. Campus Verlag.

Zink, Klaus J.; Kötter, Wolfgang; Longmuß, Jörg; Thul, Martin J. (Hrsg.) (2015): Veränderungsprozesse erfolgreich gestalten. 2. Auflage, Verlag Springer Vieweg.